ビジネスブロックチェーン

実践活用ガイド

長瀬 嘉秀、亀井 亮児、松本 哲也［著］　ラブロック株式会社［監修］

本書のサポートサイト

本書の補足情報、訂正情報などを掲載します。適宜ご参照ください。

https://book.mynavi.jp/supportsite/detail/9784839974572.html

はじめに

著者がブロックチェーン技術に関わるようになって、5年以上になりました。
仮想通貨のアーリーステージには残念ながらブロックチェーン技術を掘り下げてなく、その素晴らしさに気がつきませんでした。その後、ブロックチェーンを利用した医療関係のシステム開発がきっかけで、ブロックチェーンのエンジンを開発するまでに至りました。そのエンジンを使って、数多くシステムを構築していく中で、ブロックチェーンの得意とするシステムについて、理解することができました。

ブロックチェーン技術のメリットは、なんと言っても、コストと構築スピードです。ITシステムの構築スピードによって、ビジネスの成功が左右されるDXの時代に、まさにピッタリの技術と言えるでしょう。
例えば追跡サービスをシステムに実装したいとして、ブロックチェーンを使わずとも開発はできますが、それには多くの時間とコストがかかります。一方、ブロックチェーンには基本機能として、トレーサビリティ（追跡可能性）などが既に用意されていますから、それを活用すればよく、新規に開発する必要がありません。

2018年頃からブロックチェーンを利用した実証実験が増えているのですが、面白いことに、そのトレンドが変わってきています。かつては自治体コインのような仮想通貨系のものが多かったのですが、物流トレーサビリティやエネルギー関連といったビジネス系のものが増えてきているのです。

本書のタイトルになっている「ビジネスブロックチェーン」とは、エンタープライズが、ビジネス（業務）のシステムにブロックチェーンの仕組みを活用することを指します。
例えば、購買情報を収集しているシステムが稼働しているとしましょう。ブロックチェーン技術を使っておけば、その情報を二次的に有効活用したいとなったときに、ブロックチェーンサービスに転送して容易にトークンとして流通させることができるのです。
時間とコストを掛けて個別に開発するのではなく、設定やカスタマイズをすれば、良しなにやってくれることが重要です。

本書では、ブロックチェーン技術はポイントを押さえて解説し、実際の事例をいくつか実装例を含めて解説しました。さらに、デモアプリケーションを動かすことで、ビジネスブロックチェーンの実際の仕組みがつかめるようになっています。
本書の目的は、読んだみなさんが、どういうシステムのときにブロックチェーンが向いているか、発想できるようになることです。そして、ブロックチェーン技術を活用して、自社のシステムやビジネスの企画ができるようになれば幸いです。

2021年9月　著者一同

Contents

Contents

Chapter 1

ブロックチェーンの基本

仮想通貨システムの技術的な基盤になっているブロックチェーンですが、その他、さまざまな用途のシステムの基盤にもなっています。ブロックチェーン技術の利用で、大きなメリットを得られるシステムを理解する上で、基盤となっているブロックチェーンのしくみを説明していきます。基本を理解することで、どのようなシステムに適しているのかを考えられるようになります。
仮想通貨の他にも、ポイントシステム、証明書、取引の透明化など、ブロックチェーン無しの場合と比べて、開発コストを大幅に軽減できるしくみを見ていきましょう。

Chapter 1-1
ブロックチェーンとは

1-1-1 どこで使われているか

仮想通貨のブレイクにより、そのベース技術として注目されたのがブロックチェーンです。ただ、ブロックチェーン技術イコール仮想通貨ではありません。ブロックチェーン技術を使ったユースケースのひとつが仮想通貨だということです。ブロックチェーンには、仮想通貨の他にも多岐にわたる活用方法があります。昨今注目されているのが、業務分野に活用するブロックチェーンです。業務分野というと、ワールドワイドでは、医療情報、電力、流通での活用が数多く事例として出てきています。医療情報では、医療データが改ざんされていないことを保証して、**トラステッド（信頼できる）**データとして、分析などに活用しています。米国では、すでに、医療データをブロックチェーンで管理して流通させています。また、流通では、**トレーサビリティ（追跡可能性）**として、活用しています。大手スーパーのウォルマートでは、食品の安全、安心のために、食品の原材料の製造元からスーパーに来るまでを、即座に確認できるシステムをブロックチェーンで実現しています。フードトラストということで、米国IBMは、サービスとして提供しています。

このように、ビジネスでのブロックチェーンの活用は、多くの実証実験を経て、正式稼働されるタイミングになりました。本書では、ビジネスでのブロックチェーンの活用可能性を具体例を出しながら、解説していきます。

医療情報	オークション	部品管理
電力	不動産	流通
ブライダル	契約管理	卒業証明書

ブロックチェーンの活用分野

1-1-2 分散型台帳

ブロックチェーンの基本的な考え方は、**分散型台帳**です。ここでは、分散型台帳について、説明していきます。これまでは、顧客や売上などの台帳を企業ごとに持っていました。台帳の管理を特定の人だけで行うと、当然のことながら、台帳を改ざんできてしまいます。紙に書かれた台帳であれば、多くの改ざんは難しいかもしれません。IT化されて、デジタルになった台帳は、データベースのコマンド一つで、大きな変更が可能です。デジタル化により、より大きな改ざんが起こる可能性があるのです。このようなことを防ぐための改ざんができないしくみが、分散型台帳です。

分散型台帳は、同じ台帳を複数作成して、すべてが同期します。すなわち、ひとつの台帳を改ざんしても、他の台帳がもとのままだと、改ざんしたことが、わかってしまうのです。

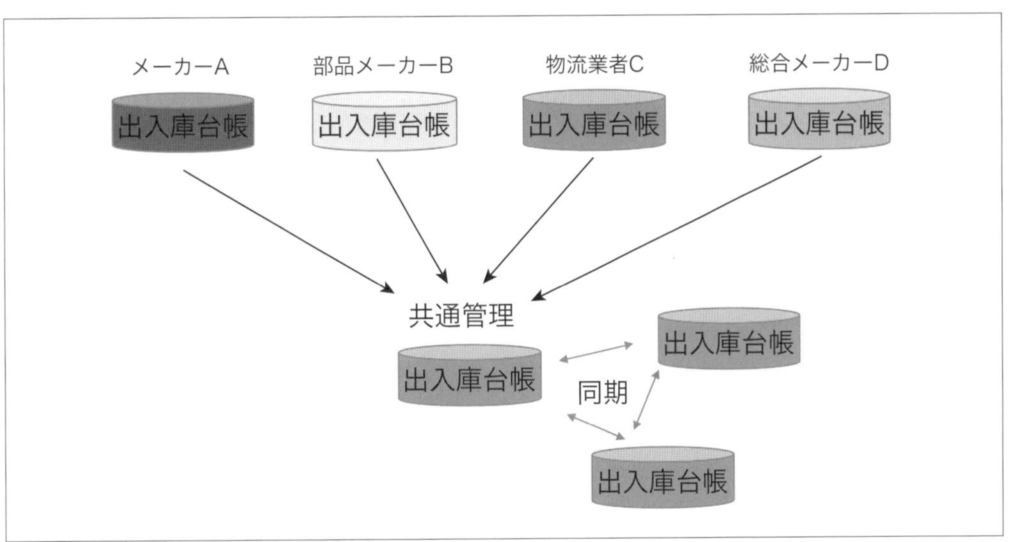

分散型台帳

もうひとつの改ざん防止のしくみは、チェーンです。ブロックチェーンのデータの管理は、データがブロック化されてチェーンになっています。チェーンにすることで、途中のデータの変更を許さないようになっています。チェーンの途中を変更した場合は、その後のチェーンになっているデータをすべて作り直さないといけません。チェーンが短いと、容易に作り直せてしまいます。逆に言うと、チェーンが長くなればなるほど、チェーンを作り直す時間が長くなり、現実的には変更が不可能になります。よって、ブロックチェーンに、少ないデータを入れるだけでは改ざんを許す可能性があり、異なった種類のデータをたくさん入れて、チェーンを長くしたほうが改ざん防止度は高くなります。

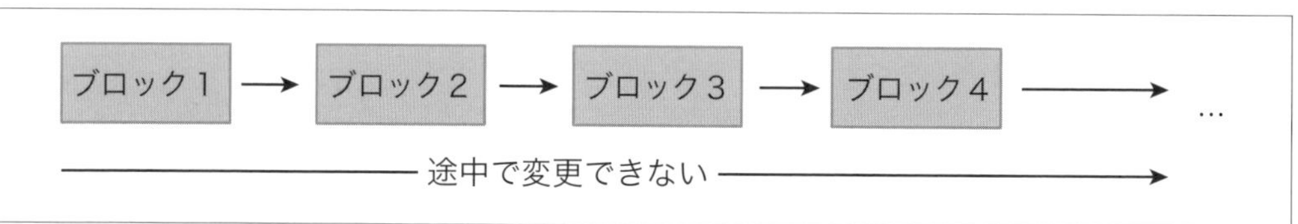

チェーン

具体的に、データの中身として、例を挙げてみていきます。ブロックチェーンの一番先頭のブロックは、ジェネシスブロックと呼ばれています。ジェネシスブロックは、先頭なので、この前のブロックはありません。よって、前のブロックというフィールドには、前がないということでゼロがセットされています。また、ブロックにはデータから計算された**ハッシュ値**がセットされているので、ここでは、cdc1fde…として見ることができます。

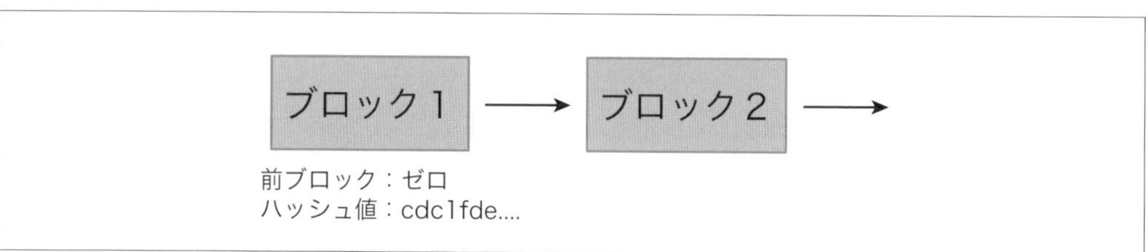

ジェネシスブロック

2番目のブロックを見ていきましょう。2番目のブロックの「前ブロック」の項目には、cdc1fde…がセットされています。これは、1番最初のブロックのハッシュ値と合致します。このハッシュ値によって、1番目と2番目のブロックがつながっていることになります。

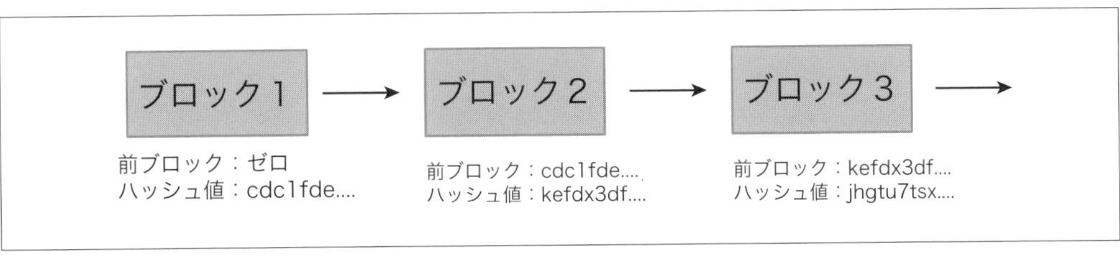

2番目のブロック

このように、ブロックがチェーンして、次々につながっていきます。2番目のブロックのハッシュ値は、前のハッシュ値も含めて、計算されます。前のハッシュ値も含めて、計算しているので、前のブロックを示す項目に、ニセのハッシュ値をセットして、チェーンを変えようとしても、すぐに不正であることがわかります。このしくみで、チェーンの繋ぎ変えや、不正のブロックの挿入を防ぐことができます。もちろん、不正ブロックを挿入したあとのすべてのブロックのハッシュ値を計算し直して、つないでいくと、不正ブロックの混入ができないわけではありません。

他の台帳のブロックも同時に、不正ブロックを挿入して、その後のブロックを生成していくのは、ほぼ不可能です。他の台帳は、異なるネットワークで異なる管理者にする必要があります。ブロックが長くなればなるほど、計算時間が必要になってくるので、チェーンを長くしてしまえば、改ざんはできなくなります。

また、ブロックの中には、複数のデータを入れることができます。このように、複数のデータを入れて、それらを含めて、ハッシュ値を計算します。これによって、データの中身を変更して改ざんした場合に、全てのデータからハッシュ値を計算すると、元のハッシュ値と異なり、改ざんされたことが判明します。

実際にデータには、このデータの持ち主（書き込んだ人）の証明書や日付など、さまざまな内容が含まれます。**パブリック**と呼ばれるブロックチェーンでは、誰でもこの内容を見ることができます。**プライベートブロックチェーン**では、権限などが設定されるので、アクセスは制御されます。

このように、**データを分散して複数の持ち主で管理すること、データをブロック化してチェーンすることにより、データの改ざんを防ぐシステムがブロックチェーンです**。この基本的な機能を応用して、様々なシステムが構築されています。

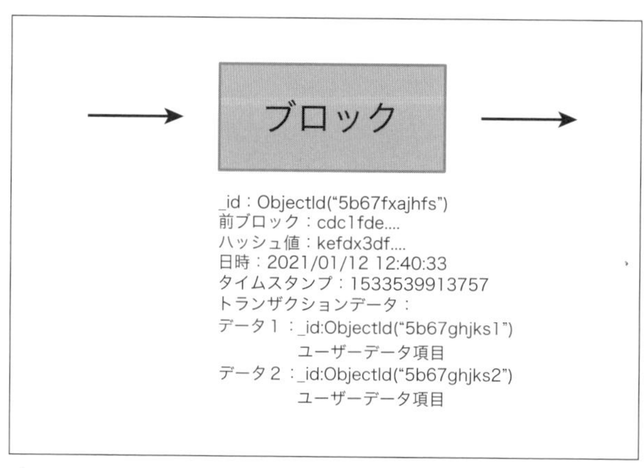

ブロックの内容

1-1-3 ブロックチェーンのしくみ

それでは、具体的なデータのやり取りを見ていき、ブロックチェーンのしくみを確認していきましょう。はじめに、取引としてデータが利用者からブロックチェーンのサービスに送信されます。ブロックチェーンのサービスは、**取引データ（トランザクション）**を受け取るとブロック化します。**ブロック化**には、いくつかのデータを固めたり、アルゴリズムによって、いくつかの方法があります。このブロックのハッシュ値を計算して、ブロックに付加します。そして、このブロックをチェーンの一番うしろにつなぎます。つなぐというのは、前のブロックのハッシュ値の次のブロックという意味です。チェーンには**ハッシュ値**を用いることが一般的です。

さらに次のブロックを処理するときには、このブロックのハッシュ値に、次のブロックをつなぎます。このように、次々と取引データが来るとブロック化していき、チェーンにつないでいきます。

また、分散型台帳のひとつをブロックチェーンでは、**ノード**と呼びます。このノードが複数あり、それぞれが台帳のデータを持っています。台帳は、すべてのノードで同じものです。ひとつのノードにブロックが追加されると、他のノードに伝搬して、それぞれのノードの台帳に追加されていきます。このとき、不正なブロックが追加されないように、ノード間で合意形成を行います。

合意形成は、単純なノード間の多数決から複雑なアルゴリズムまで、様々なものがあります。ブロックチェーンの実装によって、異なります。また、厳密性においても、仮想通貨のようなパブリックと呼ばれる誰でもブロックチェーンにアクセスできる環境と、プライベートと呼ばれる限られた人しかアクセスできない環境では、異なります。合意形成アルゴリズムは、構築するシステムの目的に合ったものを選ぶのが良いでしょう。

どの合意形成にするかは、処理のパフォーマンスや構築コストとのトレードオフになります。複雑なアルゴリズムが良いとは限りません。以前の仮想通貨のシステムでは、トランザクションのコミットに15分以上かかっていました。これでは、業務システムで使えません。この合意形成は、**マイニング**とも呼ばれています。

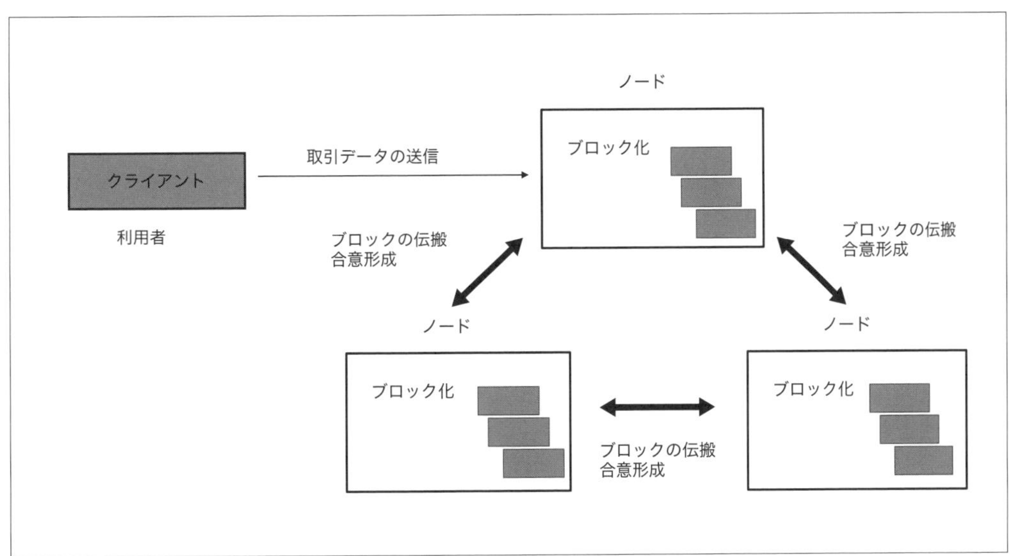

ブロックチェーンのしくみ

1-1-4 ブロックチェーンの信頼性

前にも述べましたが、ブロックチェーンの大きな特徴は改ざん防止です。例えば、リレーショナルデータベースでデータを管理していたとします。データベースシステムが乗っ取られて、データの値を書き換えられたとしたら、それに気づくのは難しいことです。もしくは、管理者が不正を働くことも可能です。これと比較して、ブロックチェーンは、データをブロック化して、チェーンでつないでいくため、途中のブロックを改ざんすることは難しいのです。途中を改ざんしようとすると、そのブロック以降のすべてを作り直さなければいけません。すなわち、チェーンが長くなればなるほど、安全性の強度が強くなります。さらに、ひとつのサーバーではなく、複数のサーバーにコピーを持って、それぞれが独立で管理されているため、すべてのサーバーを同時に書き換えることは、かなり困難です。ブロックチェーンは、とてもセキュリティの高い仕組みです。リレーショナルデータベースもレプリカ機能により、データベースを分散させることができますが、元のデータベースを改ざんされると、改ざんされたコピーが分散されるだけです。

一般的にブロックチェーンによるシステムでは、取引履歴などの複数のトランザクションが、一つのブロックとして格納されます。そして、ブロックには、トランザクションより計算されたハッシュ値が入っています。ハッシュ値を使うことで、ブロックの中身が変更されたかどうかがわかるようになっています。前に説明したように、ブロックの中のデータが書き換えられると、ハッシュ値を計算したときに、保管されているハッシュ値と違ってしまい、改ざんされたことが判明します。さらに、ハッシュ値は、次のブロックをつなぐチェーンにも使われています。ハッシュ値をチェーンとして使うことで、書き換えをさらに難しくしています。

改ざん防止の他には、トランザクションすなわちデータに証明がつけられることです。ブロックチェーンは、データと一緒に、それを作成した機関、日付を表すタイムスタンプなどが付けられます。例えば、IoT でデータを貯め込むにしても、そのデータが信頼性のあるものかどうかがわからなければ、価値がなくなってしまいます。ブロックチェーンでは、データの信頼性を保持できます。これにより、信頼されたデータをチェーンとして改ざんされない状態で持つことができます。トレーサビリティにより追跡するときも、信頼された情報が重要なのです。トレースに使う通過情報が偽物では、まったく意味をなしません。また、AI 技術などで、IoT によるデータを分析するときにも、信頼されたデータかどうかが重要です。信頼できないデータをいくら分析しても、得るものはありません。

Chapter 1-2

ビジネスブロックチェーン

1-2-1 ビジネスブロックチェーンとは

ブロックチェーン技術を基盤として使っている代表的な例としては、ビットコインなどの仮想通貨が知られています。しかし、その他の業界でも、ブロックチェーンは数多く使われています。ブロックチェーンは、取引情報などのトランザクションをブロックにまとめて、チェーンとしてつなぎながら記録していきます。チェーンとしてつないでいくので、チェーンが長ければ長いほど、改ざんができないデータ構造になっています。信頼性の高い仕組みとして、金融業界ではすでに広く使われています。従来からの暗号化によるセキュリティとは違った観点の信頼性を保証するしくみです。

金融業界で、ブロックチェーン技術は利用されていますが他の業界ではどうでしょうか。改ざんを防ぐ技術は、様々な業界で利用できると想像できます。例えば、取引履歴を後から改ざんできないように保管していくことを考えると、これはまさにブロックチェーンにはピッタリの利用です。他にも､宝石の鑑定結果を改ざんされないように保管していくことも考えられます。このような、ターゲットが仮想通貨ではなく、ビジネス（業務）システムにブロックチェーンの仕組みを使うことをビジネスブロックチェーンと呼びます。

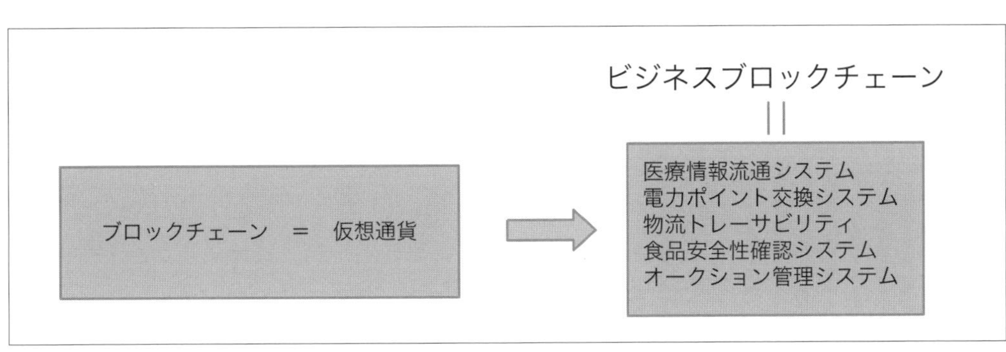

ビジネスブロックチェーン

1-2-2 ビジネスブロックチェーンの利用のポイント

それでは、ブロックチェーンの利用のポイントを説明していきます。例えば、サプライチェーンにブロックチェーンを利用した場合に、大きなメリットとしては、次の２つがあります。

- **トレーサビリティ（追跡可能性）**
- **トランスペアレンシー（透過性）**

はじめに、**トレーサビリティ（追跡可能性）**です。トレーサビリティは、ブロックチェーンではなく、従来の技術でも実現はできています。ただし、ゼロからシステム開発を行うケースが多く、開発にコストがかかります。もしくは、開発期間が長くかかることも問題です。ブロックチェーンを利用すると、トレーサビリティに必要な機能がすでに用意されているため、短期間でシステムを立ち上げることが可能です。トランザクションとして、モノの通過記録をブロックチェーンに登録していくだけです。どのような経路でどこに到着したかは、簡単な参照プログラムを作成すれば、すぐに完成します。なぜ、ブロックチェーンだと短納期ローコストで開発ができるかというと、ブロックチェーンの基本機能として、トレーサビリティに対応する機能を持っているからです。

２つ目は、**トランスペアレンシー（透過性）**です。透過性とは、誰が作ったものをどこで誰が納めて、誰が受け取ったかをすべて明確にできることです。トレーサビリティ同様、ブロックチェーンの基本機能として、透過性を持っているため、システムとして容易に実装できます。従来のシステムと比較して、透過性は、ブロックチェーンにしかない機能です。もちろん、従来のシステムにも専用にコストをかけて作り込めば、実装はできます。しかし、透過性は現代のシステムでは当然実装されているべき機能であり、システムとして持っていなければいけないものなのです。

ここまでは、一般的なビジネスブロックチェーンの話をしてきましたが、サプライチェーンでの活用を考えてみます。サプライチェーンでは、製品がいくつかの材料により生産され、その製品が物流システムを利用して、小売業者などに渡り、最終的に消費者に届けられます。ここには、生産者、小売業者、物流業者、消費者など複数の関係者が存在します。また、製品をやり取りするときには、契約もあります。また、倉庫に保管していると在庫管理なども必要です。現在、多くの企業でサプライチェーンを構築し、利用しています。サプライチェーンにおいては、トレーサビリティと透過性は必須で、ブロックチェーンはまさになくてはならない技術なのです。

トレーサビリティ	トランスペアレンシー
商品追跡システム 位置情報システム 流通システム オークション作品追跡システム トータル在庫確認システム 宅配システム	食品産地確認システム アパレル素材確認システム オークション出品者確認システム 部品調達確認システム

1-2-3 契約(スマートコントラクト)

もうひとつブロックチェーンには大きな機能があります。例えば、サプライチェーンにおける契約を考えてみます。物流会社では、製品を目的地に運ぶという契約を行い、それに基づいて、遂行していきます。日本では、まだまだ紙ベースの契約や取引のやり取りが行われていることが少なくありません。また、慣例に従い、信頼だけで取引をしていることもあるかもしれません。製品の納品、配達のスピードが重要な時代では、契約、取引の自動化が必須になります。モノをできるだけ早く送り出し、配達して、届けることが重要です。日本企業では、スピード感を持っていない企業もあるかもしれません。米国では、契約や取引を自動化して、スピードアップしています。アマゾンの配達の速さに驚かれる読者もいるかもしれません。まさに、スピードの時代なのです。このときに、契約の自動化が必要になります。これを実現していくには、取引企業の信頼性、製品の信頼性など多くの項目があります。また、情報の媒体としては、RFIDが普及して、多くの情報を記録して、引き渡せるような技術は揃っています。
日本では、まだ、信頼関係が築けている会社間での取引がほとんどです。過去から何度も取引している相手なら、偽物や数量をごまかすことは、ほとんど起こりません。しかし、ビジネスがスピードや品揃えの多さなどの時代になると、どうやって、仕入先や搬入先を信頼するのでしょうか。この信頼ということが、まさに、ビジネスブロックチェーンなのです。

ビジネスブロックチェーンは、その会社が過去にどのような取引をして、どういう評価だったのかを改ざんできません。よって、過去を改ざんして、よく見せることはできないのです。過去の取引などが数値化されシステムに乗せられていると、コンピュータによる評価ができます。この評価を使って、取引してよい会社かどうかを自動判別して、自動契約することが可能です。もちろん、日本では、すぐには導入されないかもしれませんが、DX化の急速な普及によって、思ったより早く、欧米の普及度に追いつくかもしれません。

他にも、部品の調達を例に考えてみます。メーカーが部品メーカーに部品を発注するときに、いくつかの部品メーカーに対して、自動的に見積もりを出して、見積もりが電子的に送られてきて、その金額をコンピュータがビジネスルールを実装したプログラム、もしくは、サービスが自動的に一番安いものを選びます。さらに、信用ということで、選んだ部品メーカーの過去の取引をチェックします。そして、選んだ部品メーカーに、発注書を送ります。これらの一連の流れが、ブロックチェーンの業務ロジックとして、自動で稼働すると、とても便利で、そのようになっているシステムもあると思います。

ビジネスブロックチェーンとは、このようなビジネス上のやり取りを対象にしたシステムになります。そして、ビジネスロジックを組み込んで、自動的に処理するしくみをビジネスブロックチェーンは持っています。単に契約だけではなく、幅広い応用範囲があります。

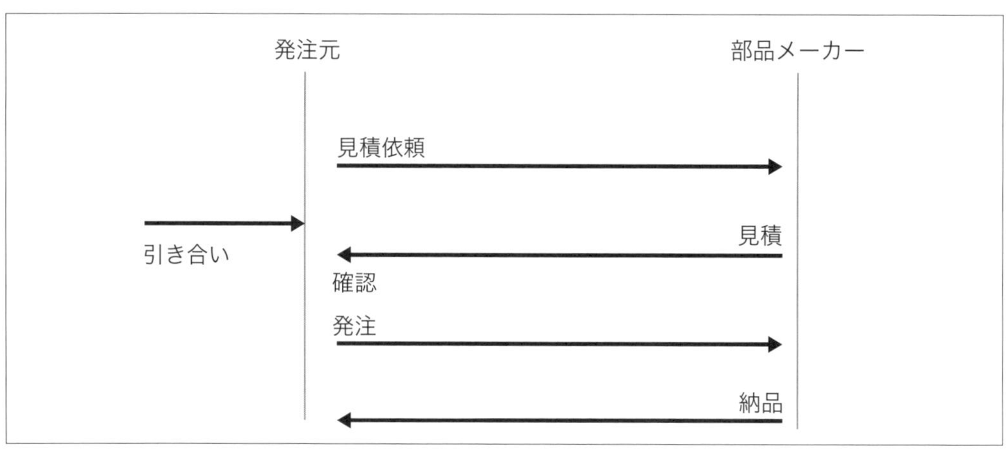

取引の自動化

ブロックチェーンには、**スマートコントラクト**という契約を自動化するしくみがあります。すでに、このしくみは基本機能として用意してあります。このスマートコントラクトを利用すれば、信頼された関係者（企業）が信頼された製品の取引の自動化を行うことができます。自動化の実装は、スクリプトなどで記述し、ブロックチェーンのサーバー（ノード）上で実行されます。スマートコントラクトのしくみを利用すると、イベントの発生に対して、コントラクトで用意されているスクリプトを実行することができます。これを応用すると、様々なビジネスに適用できるようなシステムを構築できます。例えば、コントラクトに基づいて、自動的に不足分の商品の発注をすることなども考えられます。

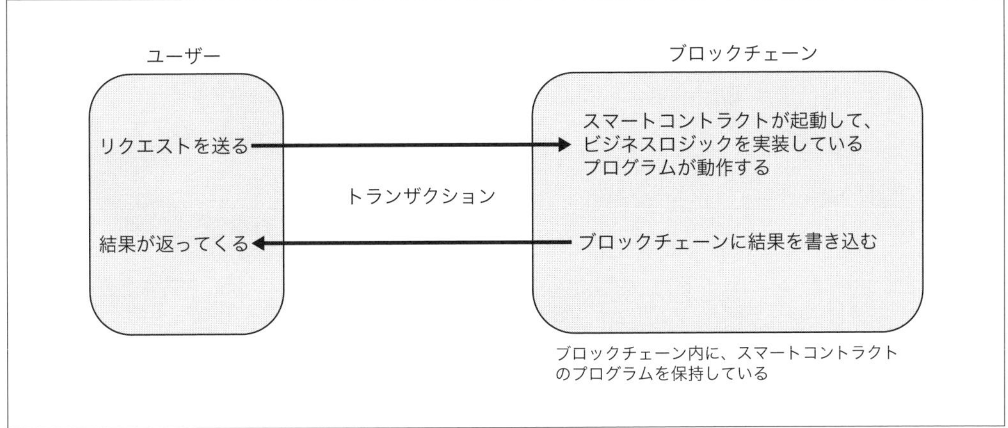

スマートコントラクト

1-2-4 改ざん防止

ブロックチェーンの最も重要な機能が改ざん防止です。改ざん防止の仕組みは、前に説明したので、ここでは、利用例を説明していきます。例えば、製品が工場から出荷されて、物流拠点の倉庫に移動して、さらに、販売店に配達されることを想定します。製品にはRFIDが付けられていて、各地点を通過する度に、情報がブロックチェーンに送られます。各拠点の通過情報がブロックチェーンに保存されて、チェーンとして、つながっていきます。通過情報の数が少ないうちは、データの書き換えられる可能性はないとは言えません。

前に説明しましたが、チェーンが長くなっていくと、前の方につながっているデータは、書き換えるのには、その後のデータすべてを書き換える必要があります。よって、書き換えは、限りなく起こらなくなります。すなわち、信頼されたデータが蓄積されていくのです。さらに、過去のデータを書き換えることはできないため、人為的に、過去に都合の悪いデータがあったとしても、修正することはできません。まさに、信頼性のあるシステムと言えます。

その他に、大学の卒業証明書や資格証明書などを考えてみます。当然のことながら、証明記録が改ざんされ、偽造されては困ります。日本では、証明書が偽造されることがほとんどない信用された社会なので、偽造防止という議論はあまり起こりません。ただ、韓国やヨーロッパでは、卒業証明書をブロックチェーンシステムで管理して、改ざんできないようにしている大学もあります。

卒業証明書の偽造

Chapter 1-3
システムアーキテクチャー

1-3-1 構成要素

ここではブロックチェーンシステムのアーキテクチャーを見ていきます。ブロックチェーンシステムには次のような構成要素があります。

- ノード
- コントローラー
- データベース
- 認証
- 認可
- スマートコントラクト
- コンセンサス

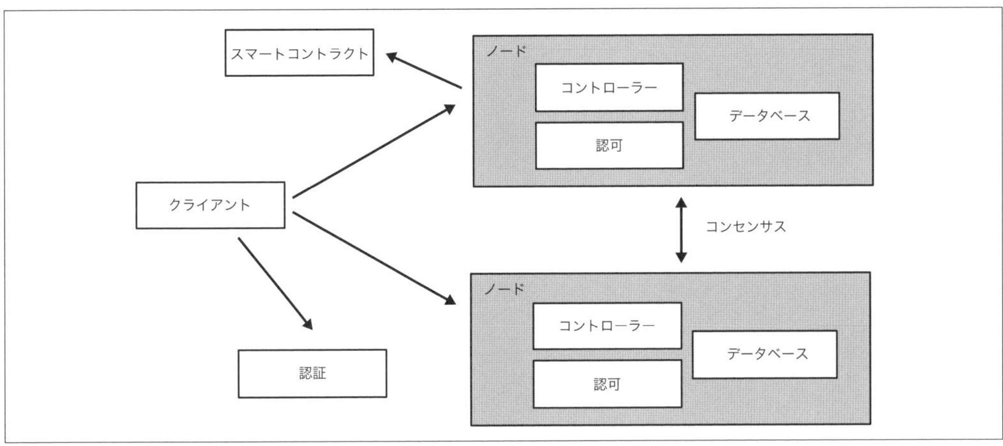

構成要素

ノード

ノードとは、ブロックチェーンの台帳を管理する単位です。台帳はマシン上のプロセス上のプログラムで管理されるのが一般的で、ひとつのマシンで、複数のプロセスを起動していれば、ひとつのマシンで、複数のノードを持つことも可能です。ただ、通常は、ひとつのマシンで、一つのプロセスを稼働して、ノードにすることになります。
例えば、クラウド上のマシンで、ブロックチェーンプログラムをプロセスとして稼働して、それをひとつのノードとします。別なノードを作るためには、クラウド上の別のマシンで同様にプロセス上でプログラムが稼働して、ノードにします。複数ノードをひとつのマシンで管理してしまうと、マシンの管理者によって、複数ノードの台帳の変更が可能になってしまいます。これでは、台帳の独立性が担保できません。ノードは、ネットワークでさえも、別にしたほうが良いでしょう。さらに、別々のクラウドに載せる方が、より独立性が高くなり、改ざんの可能性が低くなります。
ノードには、ブロックチェーンを管理するプログラムが稼働しています。シンプルな構成では、ノードになっているマシンにデータベースを置くことになります。もちろん、データベースは、別のマシンに置くことも可能です。データベース以外の構成要素であるコントローラーやスマートコントラクトも同じマシンでも他のマシンでも稼働はできます。各構成要素を別のマシンで可能していった方が管理が独立できるので、セキュリティは強化されます。

コントローラー

コントローラーは、ノードの内部で、入ってきたトランザクションをデータベースに格納するなど、データをさばく機能です。
コントローラーの性能によって、トランザクションの処理スピードが変わってきます。一般的に、ブロックチェーンは、トランザクションのコミットの時間が遅いと言われています。それは、単にデータをデータベースに格納するだけではなく、改ざん防止のための処理や他のノードとのコンセンサスなど、多くのことを行うからです。また、コントローラーの設計によって、処理時間が大きく異なるため、コントローラーの設計がかなり重要になってきます。つまり、ブロックチェーンは処理スピードが遅いという認識はややステレオタイプに過ぎ、ブロックチェーンシステムの設計によって、処理スピードはかなり左右されます。

ブロックチェーンシステムを構築するときには、高い設計スキルが求められます。ブロックチェーンのアーキテクチャー設計には、OLTP（On-Line Transaction Processing）の知識程度はなくてはならないのです。
例えば、トランザクション処理スピードを上げるためには、トランザクションは一時的に保存しておいて、コンセンサスの処理はトランザクションが少ないタイミングで行うようにする、などの工夫が必要です。ソフトウェア業界では、アーキテクトの定義が、明確ではないので、アーキテクトと名乗っていても、スキルのない人もいるようです。プロジェクトを管理するマネージャーは、きちんとスキルを確認して、システムの構築を始めるべきです。
トランザクションデータをブロック化するのもコントローラーの仕事です。データは、そのままチェーンされていくのではなく、ブロック化された後に、チェーンしていきます。もしかしたら、ブロック化するときに、暗号化することもあるかもしれません。
ここでは、次のようなことを行います。
ブロック化とチェーンを繋ぐときに、ハッシュ値を計算して、改ざんできないようにします。ハッシュ値の計算式は、いくつもあるので、構築しているシステムに最適なものを選びます。データベースの内容は、クエリーを使えば見ることができます。見られて困る内容が含まれているときには、暗号化などを行います。ブロックの設計も必要になります。また、チェーンの強度を上げるためには、複数のブロックに対してもハッシュ値を計算して、ブロックだけのハッシュだけではなく、何重にも重ねることもできます。計算処理を入れれば入れるだけ、トランザクション処理は遅くなりますが、逆に、ブロックチェーンを改ざんして、ニセのブロックを追加する処理は膨大な時間が必要になります。これも、システムの要件によって、どの程度にするかを決める必要があります。
パブリックブロックチェーンなら、不特定多数のユーザーがブロックを見ることができます。また、ノードもユーザーごとに持つようなシステムでは、ニセのブロックを追加しやすくなります。このときに、チェーンの途中にニセのブロックを挿入して、それ以降のすべてのブロックを生成してつないでいけば、改ざんが可能です。ブロックの生成に対して、計算処理に多くの時間が必要にしておけば、ブロックが多ければ、計算していくことができなくなります。ただし、量子コンピュータで計算すれば、あっという間に、ブロックを生成できてしまうかもしれません。そのようなときは、守る方も量子コンピュータでブロックに対して何重にもハッシュをとれば、防げるでしょう。要するに、ブロックの設計は、システムが破られるかどうかを左右するもので、コスト、スピードのトレードオフになります。

データベース

ブロックチェーンと言っても、ファイルシステムのブロックをリンクで繋いでいくわけではありません。ブロックのデータは、データベースに蓄積していきます。ブロックチェーンシステムの性能は、かなり利用するデータベースによって変わってきます。ブロックを高速に検索して、読み出すのであれば、高価な商用データベースを採用したほうが良いかもしれません。大抵のブロックチェーンプラットフォームは、データベースを選択できるはずなので、用途に応じて、使い分けるのが良いでしょう。データベースには、ブロックの情報が入っています。ブロックの情報とは、トランザクションデータの内容とブロックのつながりを示すリンク情報です。このリンク情報は、ハッシュ値を利用することがほとんどです。

ブロックチェーンで利用するデータベースは、NoSQLとリレーショナルデータベースの両方があります。高速に検索するのなら、リレーショナルデータベースが良いでしょう。ただし、リレーショナルデータベースは、項目をテーブルを作るときに決めてしまうので、後から追加することに手間がかかります。柔軟性に欠けます。一方、NoSQLは、自由に項目追加できるため、柔軟性はかなり高いです。NoSQLの中でも、MongoDBのような文書型がブロックチェーンには向いています。文書型だと、データの内容を**JSON形式**で保管できるからです。JSON形式では、**タグ名=値**として、自由にタグを設定できます。

データを見れば、どういう内容かを理解できます。可動性が高いデータ形式です。また、JSONは、ほとんどの言語で標準サポートしています。XMLは時代遅れになり、Java言語では標準サポートでなくなっています。

JSON形式

```
{
    "_id": 1,
    "name" : { "first" : "Taro", "last" : "Yamada" },
      "birthday" : [
    {
        "year":"1980",
        "month":"08",
        "day":"31"
        }
    ]
}
```

実際のブロックチェーンの情報を記録しているデータベースの内容を見てみましょう。ここでは、データはMongoDBに格納してあります。MongoDBでは、データベースの内容をツールを使って見ることができます。Studio 3Tというツールで、MongoDBの内容を表示してみます。

PowerSharing_AWS_TA_1　127.0.0.1:2089　bcdb

```
db.getCollection('block').find({})
```

block　0.168 sec.

Key	Value	Type
(1) ObjectId("5b67f649fefdd15d0e448b7c")	{ 7 fields }	Object
_id	ObjectId("5b67f649fefdd15d0e448b7c")	ObjectId
height	0	Int32
size	0	Int32
settime	2018/08/06 16:18:33	String
timestamp	1533539913757	String
prev_hash	0	String
hash	cecf1dec4aa7ae03b979ec5a71719a5b92d9ff2575d75c6082ec41b011886ca	String
(2) ObjectId("5b7b612cfefdd113d4239659")	{ 8 fields }	Object
_id	ObjectId("5b7b612cfefdd113d4239659")	ObjectId
height	1	Int32
size	4	Int32
data	[4 elements]	Array
[0]	{ 10 fields }	Object
[1]	{ 11 fields }	Object
[2]	{ 10 fields }	Object
[3]	{ 7 fields }	Object
settime	2018/08/21 09:47:40	String
timestamp	1534812460463	String
prev_hash	cecf1dec4aa7ae03b979ec5a71719a5b92d9ff2575d75c6082ec41b011886ca	String
hash	66b78bbb5c310b09889e868681759673e60e228299be80b7d50d7a0c577ac9ee	String

MongoDB内のブロックチェーン情報

NoSQLは、基本的にはキーバリューの形式で値を保持しています。ツールの表示でも、KeyとValueの内容がリストされています。このデータは、ブロックチェーンのデータになるので、_idがブロックのIDになっています。さらに、hashの値がハッシュ値です。1番目のブロックのハッシュ値は、cecf1dec…caになります。次のブロックのハッシュ値は、66b78bb…9eeです。このブロックからチェーンでつながっている前のブロックは、prev_hashの値が前のブロックのハッシュ値になります。そして、dataの中に、配列でいくつかのレコードがありますが、ここがトランザクションデータになります。

トランザクションデータの内容を見ていきましょう。2番目のブロックのdataがトランザクションデータの内容なので、dataの[0]となっている1つ目を開きます。データの内容なので、データ項目はアプリケーションによって決められます。ここでは、user_id、startDate、startTime、endDate、endTimeなどがデータ項目です。NoSQLだと、項目はアプリケーションで自由に決められるので、この項目名と値が可変になります。RDBを使った場合には、項目名を増やすのも、カラムを追加しないといけません。

データベースの自由度は、NoSQL の方が遥かに高いのです。ただし、RDB の方が自由度が低い分、検索スピードが速いこともあります。

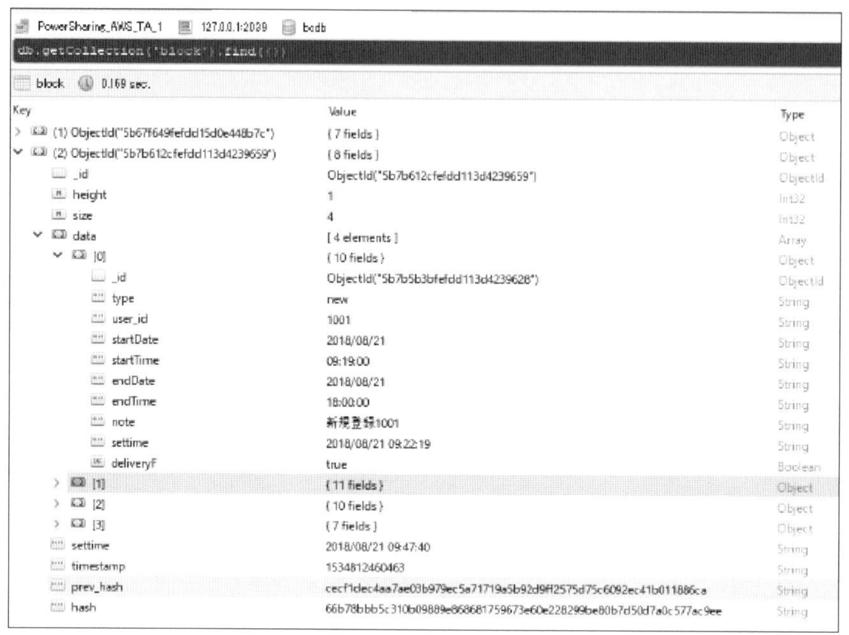

MongoDB内のトランザクションデータ

認証

ブロックチェーンに限らず、IT システムには、認証は必ず必要です。認証のかんたんな例は、ID とパスワードを入力してシステムにログインすることです。シンプルな実装は、データベースに ID、パスワードを保存しておき、入力された ID、パスワードと照合することです。ただし、この方法の問題は、アプリケーションの稼働しているマシンに侵入されると、データベースの内容を盗まれてしまい、すべての ID とパスワードが流出してしまうことです。アプリケーションのマシンは、インターネット経由のアクセスが可能なため、侵入される恐れがあります。侵入されたときに、そのマシンに ID、パスワードをおくのは、とても危険です。

それでは、安全な認証システムは、どういうものでしょうか。それは、認証サーバーがアプリケーションから独立していて、クライアントには、認証サーバーにアクセスして、ID、パスワードが正しいと、認証トークンを受け取ります。このトークンを使って、アプリケーションにアクセスします。アプリケーションは、認証サーバーに、トークンの内容が正しいものかどうかを、問い合わせます。正しいものであれば、クライアントはアプリケーションにアクセスできます。認証の標準的な仕様としては、OAuth2.0 などがあります。OAuth2.0 に対応した認証サーバー（サービス）をアプリケーションとは別に用意します。厳密さを求めるシステムであれば、認証サーバーに厳密なものを導入します。認証サーバーにアクセスするクライアントの資格も厳密にします。さらに、利用者は電子証明書を持っている必要があるかもしれません。このように、厳密にしようすれば、どんどん厳密にできます。何度も言っていますが、厳密にすればするほど、コストがかかり、利便性が失われていくので、トレードオフでシステムを決めていくべきです。大きなコストを払ってでも、**絶対になりすましを起こさせない**ということであれば、認証システムを強化すべきです。なお、ビジネスブロックチェーンでは、このような認証サーバーを利用することになるので、ビジネスブロックチェーン自身が認証システムを包括していることは少なくなっています。

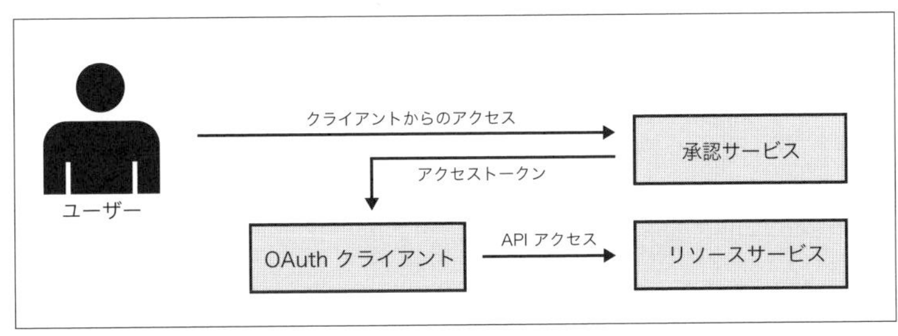

認証のしくみ

認可

認可とは、アクセスコントロールのことです。認証された後、サーバーやサービスさらに、特定のリソースに対して、アクセスが可能かどうか判断されます。例えば、ファイルシステムで見てみると、あるユーザー ID で作成したファイルは、その人だけに見ることができるのか、他のユーザーも見られるのかを設定できます。このアクセスコントロールが認可です。それでは、ファイルシステムのアクセスコントロールを見ていきます。

Linuxでは、**ls -l**というコマンドで、ディレクトリにあるリソースの一覧とそのアクセスコントロールを確認することができます。

```
yoshi$ ls -la
total 24
drwxr-xr-x  6 yoshi  staff  192  4 21 11:37 .
drwxr-xr-x  6 yoshi  staff  192  4 21 11:21 ..
-rw-r--r--  1 yoshi  staff  147  4 21 11:21 calc.js
-rw-r--r--  1 yoshi  staff  164  4 21 11:22 package.json
drwxr-xr-x  3 yoshi  staff   96  4 21 11:22 spec
-rw-r--r--  1 yoshi  staff  457  4 21 11:25 test.js
```

Linuxでは、ファイルに対する権限として**読み取り**（r）、**書き込み**（w）、**実行**（x）の3種類を用意しています。そして、ファイルのオーナーであるユーザー、ユーザーが属しているグループ、その他、すべてのユーザーというロールがあります。ロールごとに、アクセスコントロールを設定できるしくみです。

ブロックチェーンでも、チェーンを誰が見られるのか、チェーンに誰がブロックを追加できるのかなど、様々なアクセスコントロールが必要になります。仮想通貨のようなパブリックブロックチェーンでは、参加している人は、ブロックを追加することはでき、参加していない人でも見ることはできるかもしれません。ビジネスブロックチェーンとして、最も使われるプライベートブロックチェーンでは、ユーザーごとにアクセスコントロールが設定されます。両方の中間的なコミュニティでは、アクセスコントロールが複雑になります。複雑なアクセスコントロールを行いたい場合には、アクセスコントロールリスト（ACL）を管理するAPI（サービス）を持っていなければなりません。パブリックでは、多くのアクセス権が設定されないので、複雑なものは必要ではないかもしれませんが、ビジネスブロックチェーンにはアクセス権の管理は必須です。

スマートコントラクト

ブロックチェーンの機能で、よく耳にするのがスマートコントラクトです。前にもしくみを見ましたが、ここでもう一度細かく見てみましょう。スマートコントラクトとは、Nick Szabo氏が1990年代に提唱したもので、取引が事前に定義されたルールによって、自動的に契約が実行されるということです。ブロックチェーンシステムでは、トランザクションが入ってきたときに、その内容によって、プログラムが実行されます。契約が成立したときに、処理が動作するのです。スマートコントラクトの実装は、ブロックチェーンによって異なります。ブロックチェーン上のブロックにプログラムを格納して、ブロックチェーンシステムで、プログラムを実行するものや、ブロックチェーンではルールと何を動かすかだけを定義しておき、プログラムはブロックチェーン外で動作するものもあります。

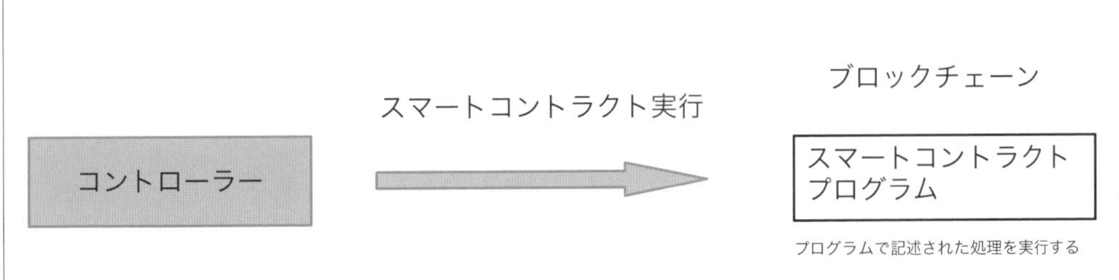

スマートコントラクト

スマートコントラクトのメリットは、定義されたルールによって自動化された処理が動くことです。いちいち人の手を借りずに、トランザクションの処理をすることができます。さらに、定義されたルールや処理は、ブロックチェーンによって管理されているので、改ざんすることができません。たとえシステムの管理者であろうとも、処理を改ざんして不正なことをすることは許されないのです。例えば、売り買いの取引において、自動化されたシステムを構築することができます。

スマートコントラクトの用途は、単純な取引だけはないので、今後、多くの適用事例が出てくるでしょう。

コンセンサス

ブロックチェーンは各ノードが同じデータを持っていて、同期させています。同期させるためには、各ノード間の信頼性が保たれている必要があります。ひとつのノードが侵入者に乗っ取られて、そのノードから不正なブロックが転送されてきて、他のすべてのノードに伝搬してしまうと問題が起こります。すべてのノードが同じになってこそ、システムの信頼性が保たれるのです。

この信頼を保つしくみが、**コンセンサス**です。コンセンサスの方法は、コンセンサスアルゴリズムと呼ばれています。ブロックチェーンのコンセンサスアルゴリズムには様々なものがあります。シンプルなコンセンサスは、各ノードに意見を問いかけて、多数決を取るものです。ただし、この方法では、過半数が不正ノードになると、システムを乗っ取られてしまいます。外部からの侵入が困難なクラウドではなくオンプレミスの環境のシステムでは、シンプルな方法で十分機能します。もしくは、ノードの数が複数なくても、問題は起こらないでしょう。

インターネット上にあり、常に侵入のリスクと隣り合わせているシステムでは、高度なコンセンサスアルゴリズムが必要です。ここでブロックチェーンでよく引用されるのが、**ビザンチン将軍問題**です。

ビザンチン将軍問題とは、Leslie Lamport 氏らが考案した分散システム上の信頼性に関わる問題です。ビザンチン帝国の将軍たちが、敵を取り囲んでいます。一人一人の将軍は対等な権利を持っています。将軍たちが攻撃または撤退で合意できれば、力を合わせて正しく軍全体を運用できます。しかし裏切り者が出るなどして誤った情報が一部に伝播すれば軍の動きがちぐはぐになり大敗してしまいます。つまりここではいかにして将軍たちの間で合意させるかが肝になります。これが**ビザンチン将軍問題**です。

Chapter 2

ビジネスブロックチェーンの事例

ビジネスブロックチェーンは、バックボーン技術として、多くのビジネスシステムで採用されています。システムの裏方のため、表に出ることは多くはありません。例えば、ブロックチェーンの特徴でもある改ざん防止は、悪用を防ぐ機能になるので、裏方と言って良いものです。
ビジネスに使われている事例としては、ダイヤモンドの偽造防止、オークションの偽物、なりすまし防止、電力取引、トレーサビリティなど、多岐にわたります。実際に、どのようにシステムが構成されていて、どのような機能を実装しているのかを見ていきます。

Chapter 2-1
医療情報システム

医療情報は、単に電子カルテとして病院内で利用されるだけではなく、病院の外でも役立つ情報として重要です。ただし、多くの個人情報を含んでいるため、取り扱いがとても難しいものです。少し前までは、**医療情報**をクラウド上に蓄積することさえ、問題視されていました。
また、医療情報の改ざんによって、研究者に有利な数値にして、研究を進めて、社会問題になったこともありました。電子カルテとして、院内にある場合は、使われ方が限定されます。情報が外に出ていくと、様々な利用方法があり、データはとても高い価値を持っています。その高価値のデータを改ざんや漏洩から守ることに、ブロックチェーン技術は大いに役立ちます。
それでは、実際のシステムを例に挙げて、見ていきます。

2-1-1 医療情報システム概要

これから説明するものと、ほぼ同等のシステムは、5年以上本番稼働してきました。ここでは、実際のシステムから少し抽象化して、解説していきます。
このシステムは、患者の医療情報をブロックチェーン上に蓄積していき、バックエンドの分析システムで利用するということが目的です。ある疾患をもった患者の診療のデータを病院で入力して、データを集めていきます。もちろん、医療情報システムなので、厚生労働省のセキュリティガイドラインにマッチしている必要もあります。
医療情報データはブロックチェーンに保存されます。ブロックチェーンを使ったシステムでは、ターゲットのデータをブロックチェーンに入れるか、それとも、別のデータベースに保管するかをアーキテクチャー上、決める必要があります。
ブロックチェーン上にデータを保存する方法には、アプリケーションの開発の容易さがあります。短期間で、開発と構築が可能です。

ブロックチェーンにデータがあるので、アプリケーションから特別なセキュリティの仕組みなしで容易に読み込めます。別になっている場合には、バラバラに読みに行くことになり、データを保管しているデータベースへのアクセスのためのアクセス制御が必要になります。それを構築するのに、手間がかかります。別々にしたときにメリットは、ブロックチェーンの情報を誰かに見られても、データについては、そこにないので、見ることはできません。特に医療情報では、個人情報にもなり得るデータを扱っているので、不用意にブロックチェーンにデータを入れて、見られてしまっては、困ります。仮想通貨などのパブリック型のブロックチェーンは、基本的に、誰でも見られるようになっています。ブロックチェーンのユーザーが取引などを監視できるためです。ところが、ビジネスブロックチェーンでは、異なっています。今回のシステムもクラウド上に構築しているわけではなく、セキュリティの堅いデータセンターで運用しています。

2-1-2 アーキテクチャー

医療情報ブロックチェーンシステムのアーキテクチャーは、次のようになります。

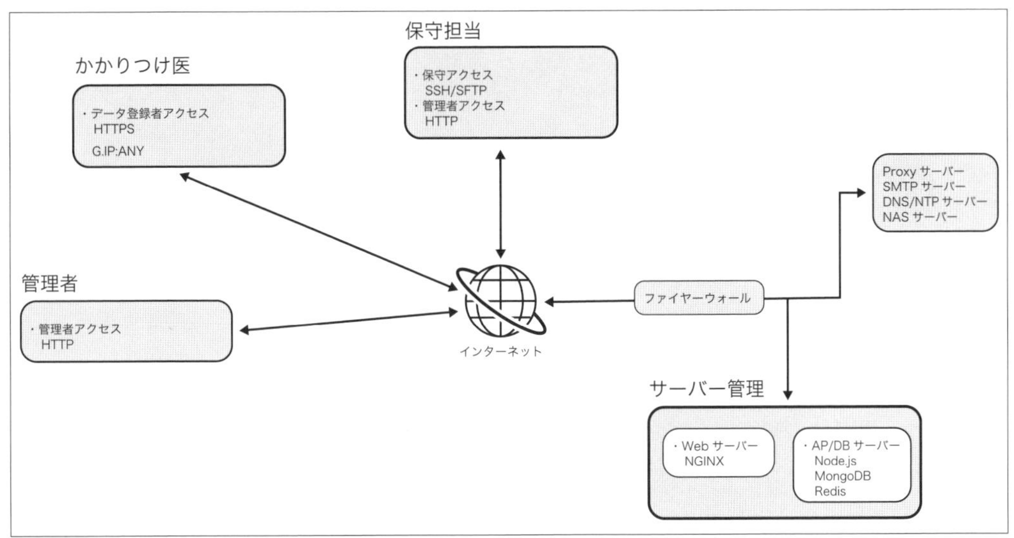

アーキテクチャー

ブロックチェーンプラットフォームは、Rablock（Rablock についてはChapter3-1で解説します）を使っています。このバージョンの Rablock は、Node.js で作られています。また、データベースは、MongoDB です。医療情報のアプリケーションは、We 上のアプリケーションで、**Spring Boot** で作られています。アプリケーションから、ブロックチェーンに **REST API** で、データを転送します。ブロックチェーンから読み出すときは、指定したノードから REST API で、データを読んできます。

格納したデータは、ノード間でコピーされ、改ざん不可能な形で、データベースに保管されます。改ざん検知機能は、定期的に、ブロックをチェックして、ブロックが切れていないかと、データのハッシュ値が異なって、改ざんされていないかを確認します。

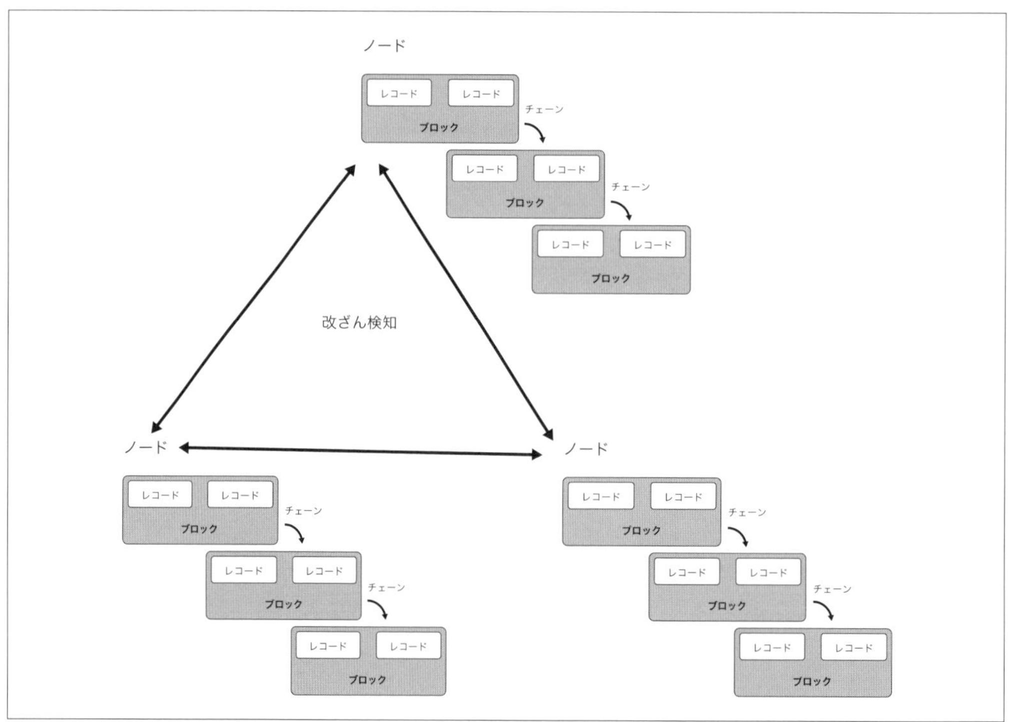

ブロックの改ざん確認

また、セキュリティの観点から、アプリケーションへの直接アクセスはせずに、NGINX により、HTTPS 通信が行われます。さらに、クライアントのブラウザーには、証明書が必要になります。銀行のオンラインバンキングと同等のセキュリティになります。そして、NGINX よりアプリケーションに送られ、アプリケーションから REST API を通じて JSON データが送信されます。

データベースはFirewallの内部になり、ビジネスブロックチェーンより、ローカルIPでのアクセスだけしかできません。これにより、医療情報データをインターネットからアクセスすることは不可能です。

2-1-3 セキュリティ

厚生労働省のセキュリティガイドラインにより、インターネット上を通過するデータは暗号化すること、さらに、データベースはインターネットからアクセスできる場所に置かないということがありました。これらを満たすために、HTTPSによる通信を行います。HTTPSは、NGINXでの設定が比較的容易なので、今回はこれを採用しました。もちろん、サーバー証明書とクライアント証明書を取得して、ユーザーのブラウザーに設定してもらいます。ブロックチェーンのデータを格納しているMongoDBは、データを暗号化することもできますが、インターネットからの直接のアクセスができないIPアドレスにMongoDBを配置しているので、今回はデータベースにあるデータの暗号化はしていません。
ユーザーにとっては、証明書の導入とブラウザーの設定が必要なため、少し手間がかかります。サーバー側も証明書をセットするので、若干の作業が必要です。

2-1-4 データ構造

ブロックチェーンのデータ構造は、**CRUD**（生成、読み取り、更新、削除の頭文字をとったもの）をサポートしています。CRUDと言っても、ブロックチェーンはデータを変更、削除することはないので、削除しても、実際には削除アクションがブロックチェーンに記録されるだけです。ユーザーからは、あたかも削除されたようにデータは表示されません。ブロックチェーンは、改ざん防止のため、データを変更削除することはできません。アクションの情報をデータ項目としていれておくことで、CRUDの処理も行うことができます。

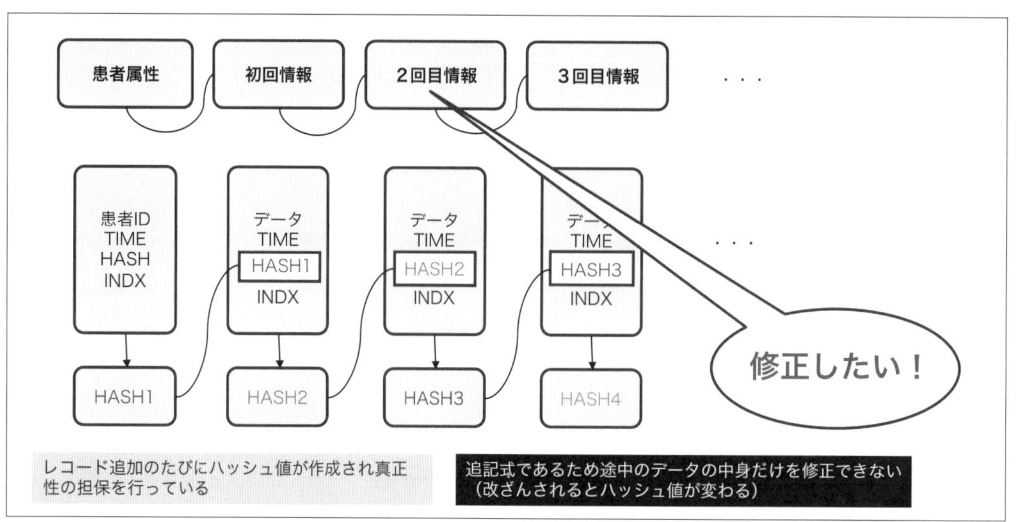

データ構造

また、アクションを記録しておくと、トランザクションとしてのデータを明確に判断することが可能です。基本的なデータ構造は、患者のデータとして、何回もデータが送られてきます。それらは、ブロックに入り、チェーンしてつながっていきます。チェーンしているので、当然のことながら、途中のデータを変更することはできません。データを変更すると、ハッシュ値の値が変わってしまって、チェーンが繋がらなくなります。

次に、データの修正を見ていきます。

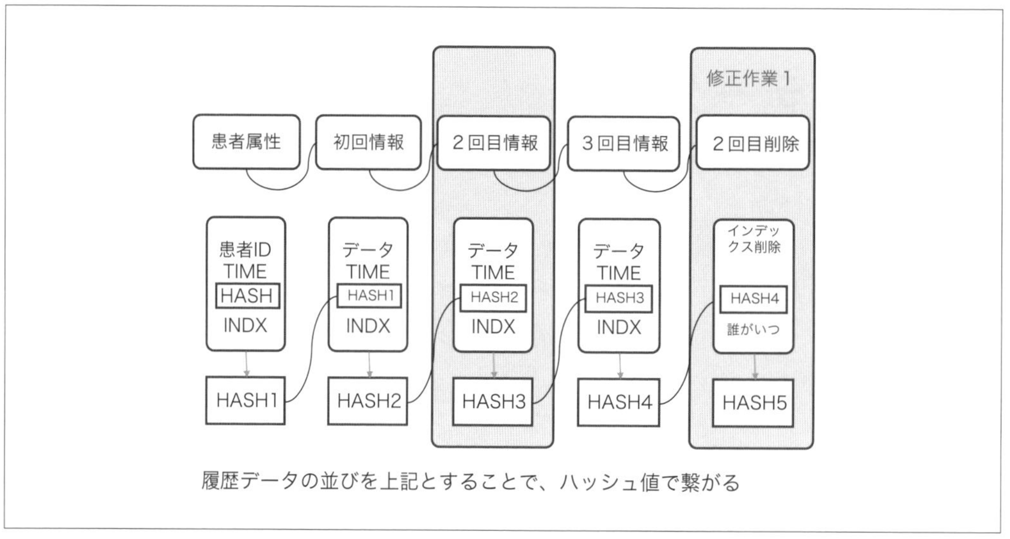

データ修正

例えば、ある患者の検診データで、２回目のデータが間違っていて、削除することにします。その場合は、２回目のデータに対して、削除したというアクションをいれたデータを作成して、チェーンにつなげます。また、２回目のデータとのリンクも貼る必要があります。２回目のデータを特定する **ID（オブジェクト ID）**を削除アクションデータに含みます。要するに、ブロックチェーンのつながりとは別に、データのライフサイクルのチェーンも作っていくのです。これは、情報のトレーサビリティになります。ブロックチェーンがトレーサビリティ機能を標準で持っているというのは、このような要件によるところなのです。
同様に、修正もアクションだけではなく、修正データしたデータもブロックチェーンに入れます。ブロックチェーンからデータを取り出したり、表示したりするときに、修正したのであれば、修正前のデータを表示しないような処理が必要です。

Chapter 2-2

医療情報流通システム

医療情報は医療機関だけに保有するものではなくて、個人にも所属するものであり、個人の医療情報を **PHR**（**Personal Health Record**）とも言います。個人の医療情報は、本人の同意を持って、他の用途に使われることもあります。

例えば、生命保険会社が個人の健康診断の情報の提供に対して、対価を払うサービスもあります。それは、医療情報をもとに分析して、保険料の算定などの様々な用途に使うからです。以前では、医療情報は医療機関から外に出てくることはあまりありませんでした。医療データの分析や社会状況の変化によって、医療情報は重要なデータになりました。それでは、この重要なデータを活用するために、どのように安全、安心、正確にやり取りするのでしょうか。安全にやり取りできる基盤が必要になります。これこそが、ブロックチェーンベースのシステムになります。

欧米では、すでにブロックチェーンベースのシステムが多く稼働しています。彼らは、単なるデータと区別するために、**トラステッド**（**信頼できる**）データと呼びます。ブロックチェーンで管理されているため、どのような人のデータで、途中のやり取りで改ざんされていなく、どのような人たちが活用できるのかを厳格に保証しています。医療上の活用においては、価値のあるトラステッドデータが必要になります。分析する段階に来るまでに、誰かが手を入れて変更される可能性があるしくみでは価値を生み出しません。

2-2-1 医療情報流通システム概要

健診データは、日本医師会によって、標準化されています。その標準を利用すると、少なくとも医療機関からデータを集める際に、データがバラバラになることはありません。一般的には、医療機関によって、計測される値や単位に差異があるため、その後に、プログラムで変換する必要性があります。一番最初の出だしのデータを正確にすることは最も重要なことです。

次に、そのデータがいくつかの機関や企業を流通していくことになります。どこかの機関で、データを変更してしまっては、正しいデータではなくなってしまうので、それでは価値がなくなります。データの流れの中で、変更すなわち改ざんが行われていないことを保証することが重要です。これまでも、実験などに必要なデータを改ざんした事件が日本でも問題になりました。自分の都合の良いように、データを修正したくなる誘惑は多いのです。このため、改ざんできない仕組みが必要になります。

医療情報の保管について、個人情報にあたるデータは、厳重に管理する必要があります。仮想通貨などのブロックチェーンは、基本的にデータがオープンにされているものなので、このプラットフォームをそのままでは使えません。データは暗号化すれば読まれないという視点もあるかもしれませんが、たとえ暗号化されていても、100万人のデータともなると価値が高いので、コストを掛けて、暗号を解読されてしまう可能性もあります。

それでは、どのように医療情報を管理するのでしょうか。医療情報を管理するデータベースは、ブロックチェーンとは別に管理するのです。このデータベースは、厳密なセキュリティによって守られます。もちろん、厚生労働省のセキュリティガイドラインに従います。ブロックチェーンでは、データの流れや関連している人などを管理します。そして、改ざん防止のハッシュ値も保存しています。データとブロックチェーンを切り離すことで、たとえブロックチェーンのデータを見られても、具体的な値を取得することはできないのです。この仕組を構築することで、安心安全なシステムを稼働することができます。

2-2-2 アーキテクチャー

医療情報流通システムのアーキテクチャーは、少し複雑です。ブロックチェーンの他に認証系のサービスなども必要になります。もしくは､外部の認証サービスを利用することになります。

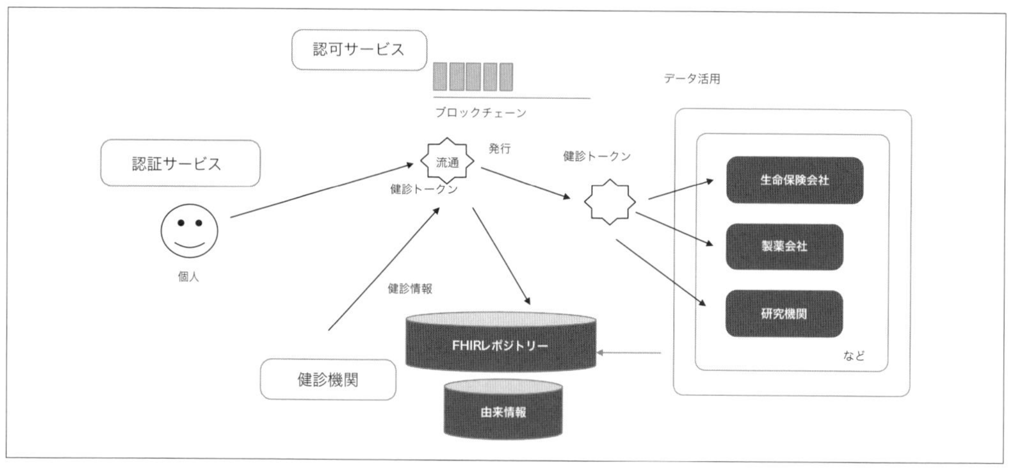

医療情報流通システムのアーキテクチャー

ブロックチェーンプラットフォームは、Rablockを想定しています。Rablockサービスは、**Spring Boot**の**Rest API**で提供されます。ブロックチェーンのデータ格納は､**MongoDB**です。医療情報流通システムのアプリケーションは、Web上のアプリケーションで、Spring Bootで作られています。医療情報ブロックチェーンシステムと同様に、アプリケーションから、ブロックチェーンに､Rest APIで､データを転送します。ブロックチェーンから読み出すときは､指定したノードからRest APIで、データを読んできます。

ブロックチェーンとは別に、認証サービスがあります。**認証サービス**とは、一言でいうと、ログインサービスになります。また、認証サービスは、マイナンバーを利用することになると、マイナポータルで認証する必要があります。認証が成功すると、ログインしたIDで、ブロックチェーンにアクセスを行います。

認証サービスで普及しているのが、**Google** や **Amazon** です。インターネットゲームなどを行うときに、Google でログインすることがあります。これは、ゲームが Google の認証サービスを使っているためです。その他に、インターネットショップで買物をしたときに、Amazon での支払いができることがあります。これも、Amazon の認証サービスと支払いサービスを利用しているのです。このように、認証はアプリケーションとは別に存在します。シンプルなアプリケーションでは、アプリケーションがログイン機能を持っていますが、大きなシステムになると、分かれて別なサービスになります。

ブロックチェーンは、データそのものを保管していないため、データを保管しているデータベースが必要です。一般的な **RDB** でも問題はありませんが、医療情報業界では、**HL7 FHIR** という標準が普及しているため、**FHIR** のサービスにデータを保管しています。医療情報流通システムのアプリケーションから、FHIR のサービスにアクセスしに行きますが、FHIR のサービスは厳格なセキュリティ機能を持っていなければいけません。FHIR で管理しているデータは、個人情報に当たるため、むやみに取得されては困るからです。

2-2-3 セキュリティ

医療情報ブロックチェーンシステムと同様に、医療情報のデータは、インターネット上を通過するデータは暗号化すること、さらに、データベースはインターネットからアクセスできる場所に置かないということがよいでしょう。ただし、**クラウドサービス事業者が医療情報を取り扱う際の安全管理に関するガイドライン**が総務省から出ているので、これに基づいて構築するのがベストです。

医療データは、ブロックチェーンには保管されていないので、ブロックチェーンはインターネットからアクセス可能な場所でも問題はありません。ブロックチェーンとは別の医療データを保管しているデータベースが、セキュアな環境にあればよいのです。また、アプリケーションは、認証サービスで認証された認証トークンをもって、データベースにアクセスします。このときに、認可サービスで、アクセスをしてよいのかどうかを判定する必要があります。よって、システムには、認可サービスも必要になります。データベースそのものではなく、データベースにアクセスするためのサービス（アプリケーション）が認可のチェックも行いますが、クラウド環境を利用すると、クラウドベンダーの提供するサービスでカバーすることも可能です。

2-2-4 データ構造

ブロックチェーンのデータ構造は、医療情報データのデータベースを引くことができるキー項目とデータの改ざん防止のためのハッシュ値から成り立っています。それに、ブロックチェーンの流通を可能にするトークンとしての情報になります。
例えば、健康診断の基本的な情報を考えてみます。健康診断で計測した血圧をデータとして、保管すると仮定します。

被保険者証等記号：１２３４５
被保険者証等番号：７８９
枝番：1

血圧収縮期:130
血圧拡張期：80

健康診断のデータ

本人を特定する情報としては、以下の内容があります。
被保険者証等記号：１２３４５、被保険者証等番号：７８９、枝番：1

そして、健診の項目と値としては、以下の内容があります。
血圧収縮期：130、血圧拡張期：80

これらの医療データは、ブロックチェーンには入りません。これらは、医療データとして、データベースに保管されます。そのデータベースは、厳重なセキュリティが掛けられています。ブロックチェーンの内容としては、**認証情報**、**URL パス**、**データハッシュ値**、**イベント**、**関連情報**になります。
認証情報とは、データの持ち主を確定するためのデータです。ただし、ここに、保険者番号などを入れると個人情報が見られる可能性があるので、紐付いた ID の値を入れるべきです。例えば、XSETX654GFS のような、個人を特定する情報に紐づく文字列を使うのが良いでしょう。

URL パスとは、実際のデータベースのパスです。この URL でアクセスしていき、データを取得することができます。もちろん、認証情報がチェックされ、認可サービスをクリアして初めてアクセスできます。もちろん、URL は抽象的なアドレスにしておいて、独自のネームサービスで解決することもできます。クラウドでは、**AWS API Gateway** を利用すると便利です。

データハッシュ値は、対象となるデータから計算されたハッシュ値です。対象のデータについて、改ざんできなくなります。必要なときにハッシュ値を計算して、照合することになります。

最後に、**イベント**は、健診データの入力、取引などの**イベント（アクション）**に関わる情報です。それに関連して、誰が誰に取引した、というような内容も入れられるようにしておきます。

ブロックチェーン上は、JSON 形式でデータが入るので、入っているデータ項目がレコードによって違っていても問題ありません。リレーショナルデータベースだと、項目を確定しなくてはいけないので、柔軟なシステムは組めません。柔軟なデータはブロックチェーンにとっては、メリットです。

医療データは、FHIR のサービスを使うと次のようになります。

FHIRデータ情報

```
{
  "resourceType": "Patient",
  "id": "samplePatient1",
  "meta": {
    "profile": [
      "https://www.kenshin-hyojun.jp/fhir/ckup/StructureDefinition/ckup-patient"
    ]
  },
  "identifier": [
    {
      "type": {
        "coding": [
          {
            "code": "02",
            "system": "https://www.kenshin-hyojun.jp/fhir/ckup/CodeSystem/id-system-cs",
            "display": "健診情報整理番号1"
          }
        ]
      },
      "value": "12345"
    },
    {
      "type": {
        "coding": [
          {
            "code": "03",
            "system": "https://www.kenshin-hyojun.jp/fhir/ckup/CodeSystem/id-system-cs",
            "display": "健診情報整理番号2"
          }
        ]
      },
      "value": "1"
    },
    {
      "type": {
        "coding": [
          {
            "code": "04",
```

```
            "system": "https://www.kenshin-hyojun.jp/fhir/ckup/CodeSystem/id-system-cs",
            "display": "保険者番号"
          }
        ]
      },
      "value": "01130011"
    },
    {
      "type": {
        "coding": [
          {
            "code": "05",
            "system": "https://www.kenshin-hyojun.jp/fhir/ckup/CodeSystem/id-system-cs",
            "display": "被保険者証等記号"
          }
        ]
      },
      "value": "45062307"
    },
    {
      "type": {
        "coding": [
          {
            "code": "06",
            "system": "https://www.kenshin-hyojun.jp/fhir/ckup/CodeSystem/id-system-cs",
            "display": "被保険者証等番号"
          }
        ]
      },
      "value": "3"
    },
    {
      "type": {
        "coding": [
          {
            "code": "07",
            "system": "https://www.kenshin-hyojun.jp/fhir/ckup/CodeSystem/id-system-cs",
            "display": "資格区分"
          }
        ]
      },
      "value": "01"
    },
    {
      "type": {
        "coding": [
          {
            "code": "08",
            "system": "https://www.kenshin-hyojun.jp/fhir/ckup/CodeSystem/id-system-cs",
            "display": "受診券整理番号"
          }
        ]
      },
      "value": "01"
    },
    {
      "type": {
        "coding": [
          {
            "code": "09",
            "system": "https://www.kenshin-hyojun.jp/fhir/ckup/CodeSystem/id-system-cs",
            "display": "特定健診・受診券整理番号"
          }
        ]
      },
      "value": "02"
    },
    {
      "type": {
        "coding": [
          {
```

```
          "code": "0a",
          "system": "https://www.kenshin-hyojun.jp/fhir/ckup/CodeSystem/id-system-cs",
          "display": "特定保健指導・利用券整理番号"
        }
      ]
    },
    "value": "03"
  }
],
"name": [
  {
    "extension": [
      {
        "url": "https://www.kenshin-hyojun.jp/fhir/ckup/StructureDefinition/
NameRepresentation",
        "valueCode": "IDE"
      }
    ],
    "family": "田中",
    "given": [
      "太郎"
    ],
    "text": "田中　太郎"
  },
  {
    "extension": [
      {
        "url": "https://www.kenshin-hyojun.jp/fhir/ckup/StructureDefinition/
NameRepresentation",
        "valueCode": "SYL"
      }
    ],
    "family": "タナカ",
    "given": [
      "タロウ"
    ],
    "text": "タナカ　タロウ"
  }
],
"contact": [
  {
    "relationship": [
      {
        "coding": [
          {
            "code": "E"
          }
        ]
      }
    ],
    "organization": {
      "reference": "Organization/sampleOrganization1"
    }
  }
],
"gender": "male",
"birthDate": "1980-03-01",
"address": [
  {
    "postalCode": "100-0001",
    "text": "東京都港区南青山4−1"
  }
]
}
```

このように、ブロックチェーンとデータ本体とを分けることで、流通性、安全性などを担保することができます。

2-2-5 流通のしくみ

ブロックチェーンで管理されるデータは、仮想通貨のように、流通させることが可能です。それは、取引情報もブロックチェーンに入れて、すべての流れをトレースできるように管理するからです。このデータをまとめて、**健診トークン**とここでは呼びます。コインのように健診トークンを生成して、それを取引の対象にしていきます。健診トークンには、実際の医療データは含まれませんが、医療データへのアクセス権が含まれます。健診トークンをもっていれば、医療データを取得することができるのです。さらに、実際のデータと健診トークンのデータハッシュ値を比較すれば、改ざんされていないトラステッドデータであることも検証できます。
果たして正しい改ざんされていないデータであるかどうかがわからないデータからの分析では価値が出ません。確実に正しいトラステッドデータを活用することが重要なのです。

Chapter 2-3
物流トレーサビリティ

1
2
3
4

物流システムの発展は速く、QR コード、RFID などの普及によって、加速度的になっています。特に、商品がどこにあるかを確認するトレーサビリティの機能が向上しています。例えば、海外のサイトで商品を購入して、海外から発送した商品の追跡は、かなり細かく確認することができます。それは、物流情報を容易にピックアップできるような機器の普及と、情報とシステムの標準化が進んだからです。これにより、今後は、工場からの商品出荷から消費者の受け取りまでが、透明化していきます。また、RFID を導入すると時間のかかる検品作業が箱ごと一気に確認できるようになり、配送時間が桁違いに速くなります。もちろん、箱にはられた情報を読み取るのではなく、箱の中にある商品に付けられた RFID のタグを読み取ります。商品個別の情報が正確にシステムに入力されます。

トレーサビリティは、安心安全面でも利用されています。米国ウォルマートで稼働している食品トレーサビリティシステムは、食品の構成原料から、その原料がどこからどうやって運ばれてきたかを確認することができます。もし、食品に何かあった場合でも、瞬時にして原因が特定できます。フードトラストとも呼ばれています。日本でも、安心安全の観点から、このようなシステムの導入が進むのは時間の問題です。もちろん、そこには、RFID タグの単価が下がるという条件はあるかもしれません。

物流トレーサビリティとして、荷物のトラッキングシステムは、今までも各物流会社で、構築されています。それは、莫大な開発費を費やしてシステムを構築して、さらに、一つの企業の中だけで利用できるようなシステムでした。ビジネスブロックチェーンをベースにすると、安価で素早くシステムを構築することができます。また、世界標準の物流情報の管理を採用すると、複数の会社が混在しているような流通経路もカバーできます。世界では、このようなことが当たり前になっています。日本でも、国際標準を採用した物流トレーサビリティシステムが、今後は構築されていくでしょう。

2-3-1 物流トレーサビリティシステムの概要

商品は、製造から、卸、販売会社、さらには消費者まで流通を通して、流れていきます。商品の製造では、部品が組立工場に納品されて、そこで組み上がって、一つの商品になることもあります。商品と言っても、すでにここまでで複数の情報を併せ持ってることもあります。この商品は、工場を出るときは、出荷準備や出荷作業を行います。このような作業を**イベント**と呼びます。イベントは、商品に対して、誰が行う、どこで行うなど、さらに情報が付加されます。また、商品を卸が受け取ったときには、入荷作業を行います。もちろん、そこでは検品作業もあります。

このような商品の流れやイベントを標準化しているのが、**GS1** という組織です。この標準は、**EPCIS（Electronic Product Code Information Services）**といいます。GS1 は流通コードの管理及び流通標準に関する国際機関で、世界 110 以上の国・地域が加盟しています。以前は、EAN 協会と言われていたように、EAN コード、日本では JAN コードを管理していました。現在では、流通に関する様々な標準を作成しています。

このシステムでは、EPCIS を採用していて、標準にもとづいたシステム構築をしています。データの形式やデーベースへのインターフェースなど、すべて標準をサポートしています。標準をサポートすることで、システムの利用者からは、どのシステムにも同じインターフェースでつなげるため、ポータビリティが向上します。その結果、システム構築コストが抑えられます。世の中にあるシステムがすべて独自のインターフェースで構築されているとすると、それらの全てに対応しなければならず、膨大なコストが掛かってしまいます。コストを下げることも、標準化の副次的な目的です。欧米や中国の物流システムは、EPCIS を採用しているものが数多くあります。特に、複数のシステムを接続する場合には、とても便利です。もちろん、物流のパッケージシステムは EPCIS を採用してものがほとんどなので、あえて EPCIS 対応とは書かないかもしれません。残念ながら、日本では独自システムが多く、EPCIS の普及は今後の展望になります。RFID の普及によって、加速度的に EPCIS の採用が増える可能性もあります。

2-3-2 アーキテクチャー

物流トレーサビリティシステムのアーキテクチャーは、EPCISとビジネスブロックチェーンの組み合わせです。EPCISは、医療情報流通システムのFHIRと同じ位置づけになります。EPCISには、商品などの情報が登録されている**EPCISレジストリー**とイベント情報の保管される**EPCISレポジトリー**があります。

EPCISレポジトリーは、FHIRと同じように、標準のインターフェースであるクエリーインターフェースを持っています。その標準インターフェースを利用して、イベント情報の検索等のやり取りを行います。

ビジネスブロックチェーンの位置づけは、医療流通と同様、データの保管場所へのリンクとハッシュ値による改ざん検知になります。商品のやり取りに関する詳細情報は、EPCISレポジトリーに保管して、そのデータを保証する証跡がブロックチェーンにあるのです。これにより、ブロックチェーンの内容を見ても、どこに商品がどれだけ流れているかはわかりません。リンク情報をタグって、EPCISレポジトリーにアクセスする必要があります。ここには、厳格なアクセス制御のしくみが組み込まれていて、権限のあるユーザーしかアクセスできません。こうすることで、誰もが流通の詳細情報を見ることを防止しています。例えば、ライバルのコンビニチェーンがあるとして、相手のお店に、どれだけの量の同じ飲料ボトルが流れているかがわかってしまっては困ります。ビジネスブロックチェーンを導入せずに、EPCISレポジトリーにすべての情報を入れてしまうと、システムに参加しているユーザーに情報がわかってしまう可能性があります。ブロックチェーンを組み合わせることで、EPCISレポジトリーを分けて、複数のレポジトリーにイベント情報を格納することができます。各レポジトリーは、持ち主の会社が管理しているため、他の会社が情報を見ることはできません。

2-3-3 セキュリティ

概要でも説明しましたが、ブロックチェーンとイベントの詳細情報を切り離すことで、情報の安全性を確保しています。ブロックチェーンをクラウドにおいて、詳細情報はオンプレミスのデータセンターに置くなどの運用も可能です。また､詳細情報は特定の企業情報にあたるので、企業によって管理されるべきです。もちろん、複数企業の参加している組織で管理する場合もあるかもしれません。その場合は、参加している企業がアクセスできる場所に置くことが必要です。

物流トレーサビリティシステムは、仮想通貨のような誰でも参加できるパブリックなシステムではありません。特定の参加企業だけが利用します。ただし、消費者が限定的に追跡情報だけを見れるようにはしなければなりません。要するに、ビジネスブロックチェーンは、パブリックなシステムと言うよりは、企業が利用するエンタープライズシステムになります。よって、セキュリティは、一般的なエンタープライズシステムに要求されるものが必要になります。裏を返すと、エンタープライズシステムに要求されるセキュリティを採用すれば、済むということです。特別なセキュリティは必要ありません。

2-3-4 EPCIS

EPCIS とは、EPC インフォメーションサービスの略です。インフォメーションサービスという名前になっていますが、標準仕様になっています。EPCIS の目的は、サプライチェーンの可視化を行うため、商品の移動情報をコンピュータサーバー上に蓄えて、共有することです。また、サーバー上に蓄えるデータは同じフォーマットにしておくと、異なる企業間で情報が共有できます。

次のような情報を共有・分析するために、EPCISは利用されます。

- 企業内で商品の移動に関する情報
- 関連会社と商品の移動に関する情報
- サプライチェーンで商品の移動に関する情報
- 海外を含めた企業と商品の移動に関する情報

EPCISに、正確に情報が蓄積されていると、このような利用が可能になります。
蓄えるデータは、可視化するために必要な内容になります。最小限の内容は、以下の4つです。

- When（いつ）
- Where（どこで）
- What（何の商品が）
- Why（どうした（場面））

例えば、商品がリーダーを通過したときに、これらの情報をサーバーに送ります。それにより、商品がいつ、どこで、どういう場面でリーダーに読まれたかがわかるのです。
EPCISは、仕様として、以下のインターフェースなどを規定しています。

- サーバーに入れるデータ
- データの記述のフォーマット
- データの登録方法
- データの取り出し方法

EPCISでは、共通の標準IDを使います。JANコードとして知れ渡っていますが、**GTIN**という呼び方もします。Amazonでは、商品にGTINコードが振られていないと、取り扱いをしません。このように、GTINは広く普及しています。共通IDを使うことで、複数社の商品が混在しても、個別に認識が可能です。もし、企業独自の商品IDだけを使っていたら、トラックが複数社の商品を混在していると、違った商品データを読み込んでしまいます。このようにサプライチェーンのシステムは、企業に閉じていては、今日では使い物になりません。グローバルな標準に準拠する必要があります。

EPCISは、企業内のシステムではなく、サプライチェーン全体を可視化します。可視化によって、以下のようなことが可能です。

- 食品のトレーサビリティ
  産地の判定、鮮度管理など
- 資産管理
  所在地確認、滞留場所の特定など
- 偽造防止
  偽造商品対策、リコール迅速化など
- 在庫管理
  在庫精度、発注精度の向上など
- 販売データの活用
  売れ行き分析など

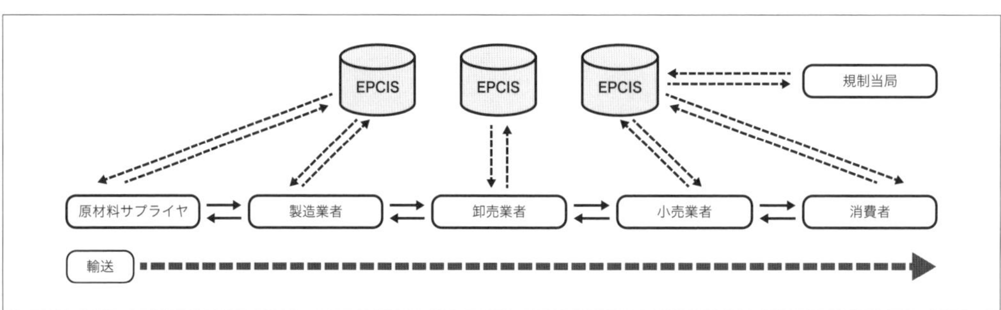

サプライチェーン全体の可視化

2-3-5 実証実験例

それでは、実際に野菜の流通トレーサビリティを例にした実証実験例を見ていきます。システムの名前は、**フードトレーサビリティ**です。

はじめに、利用者は、システムにログインします。

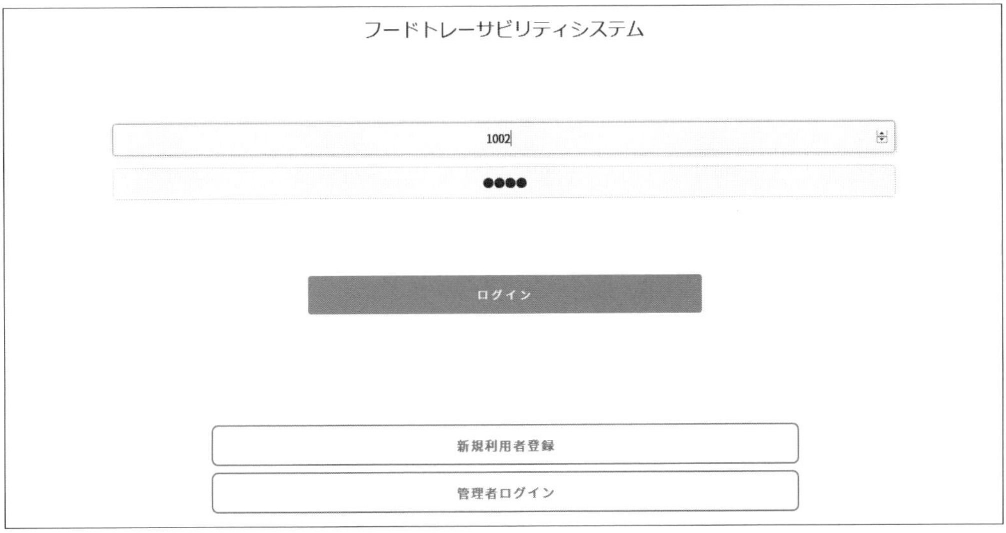

フードトレーサビリティシステム

1002

●●●●

ログイン

新規利用者登録

管理者ログイン

新規に、ユーザーが登録するためには、以下のような基本情報を入力します。

フードトレーサビリティシステム

利用者ID 必須項目

1003

名前 必須項目

生産者1003

電子メールアドレス 必須項目

rkamei@rablock.co.jp

業種選択 必須項目 生産者

パスワード 必須項目

●●●●

パスワード（確認） 必須項目

●●●●

登録

まず、野菜を生産している生産者から見ていきます。生産者は、ログインすると、次のようなメニューが表示されます。

生産者は、生産している野菜を商品として管理しています。商品の一覧を表示します。

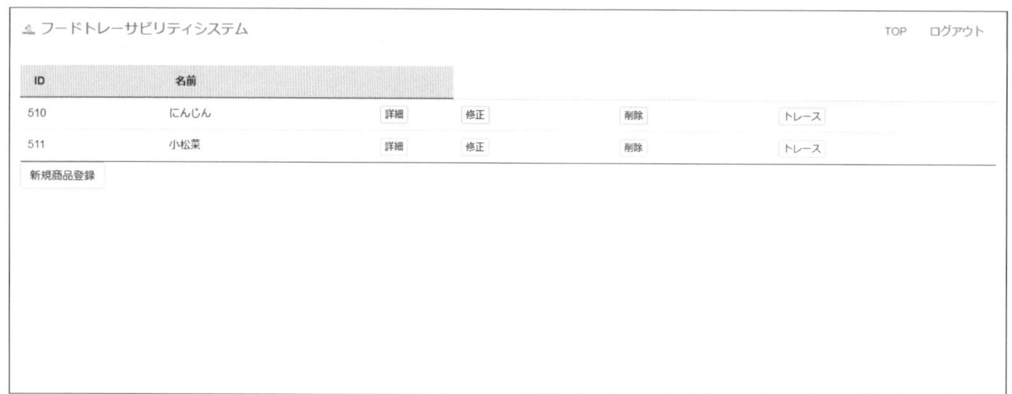

ここでは、システムの商品IDとして、510が振られているにんじんと、511の小松菜があります。もちろん、商品IDの他にEPCISに対応した**JANコード**も振られています。また、この商品の**QRコード**も生成されて、表示されています。

フードトレーサビリティシステム　TOP　ログアウト

商品ID

510

商品名

にんじん

JANコード

510001

確認

それでは、にんじんの流通履歴を確認してみます。確認には、にんじんの行にあるトレースボタンを押します。

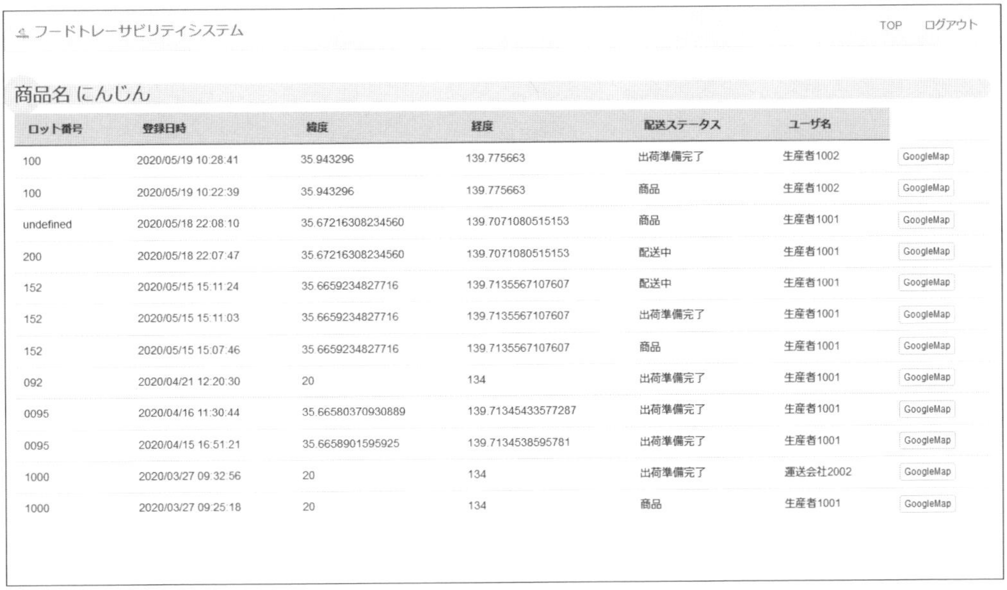

フードトレーサビリティシステム　TOP　ログアウト

商品名 にんじん

ロット番号	登録日時	緯度	経度	配送ステータス	ユーザ名	
100	2020/05/19 10:28:41	35.943296	139.775663	出荷準備完了	生産者1002	GoogleMap
100	2020/05/19 10:22:39	35.943296	139.775663	商品	生産者1002	GoogleMap
undefined	2020/05/18 22:08:10	35.67216308234560	139.7071080515153	商品	生産者1001	GoogleMap
200	2020/05/18 22:07:47	35.67216308234560	139.7071080515153	配送中	生産者1001	GoogleMap
152	2020/05/15 15:11:24	35.6659234827716	139.7135567107607	配送中	生産者1001	GoogleMap
152	2020/05/15 15:11:03	35.6659234827716	139.7135567107607	出荷準備完了	生産者1001	GoogleMap
152	2020/05/15 15:07:46	35.6659234827716	139.7135567107607	商品	生産者1001	GoogleMap
092	2020/04/21 12:20:30	20	134	出荷準備完了	生産者1001	GoogleMap
0095	2020/04/16 11:30:44	35.66580370930889	139.71345433577287	出荷準備完了	生産者1001	GoogleMap
0095	2020/04/15 16:51:21	35.6658901595925	139.7134538595781	出荷準備完了	生産者1001	GoogleMap
1000	2020/03/27 09:32:56	20	134	出荷準備完了	運送会社2002	GoogleMap
1000	2020/03/27 09:25:18	20	134	商品	生産者1001	GoogleMap

一覧で表示されているのは、にんじんの出荷単位（ロット）ごとのトレースになります。トレースには、日付の他に、位置情報もあります。さらに、配送ステータス、取り扱ったユーザー（企業）もわかります。

さらに、見やすくするために、GoogleMapで表示すると、以下のようになります。

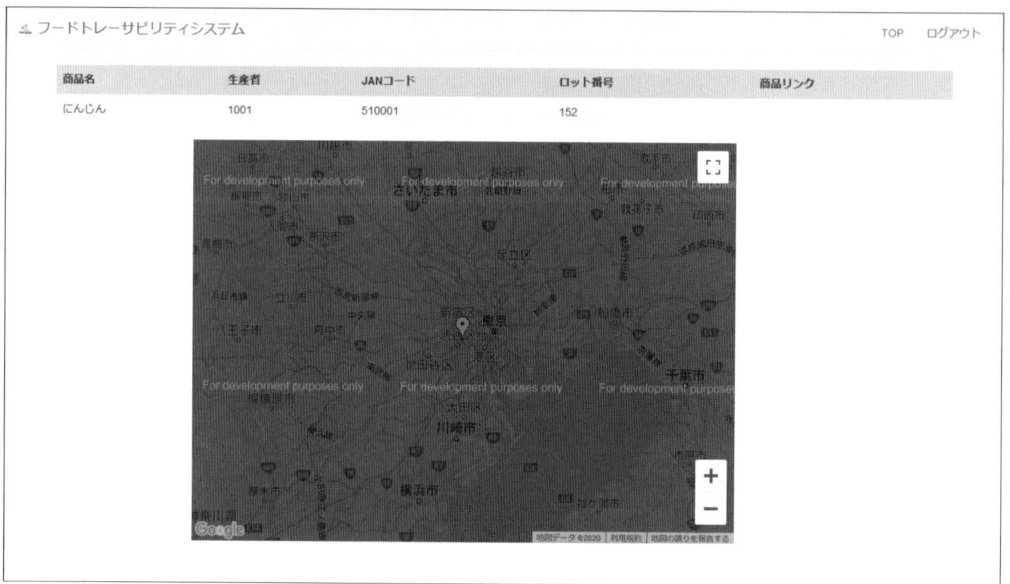

Chapter 2-4
電力エコポイント

欧米では、電力の取引にブロックチェーンシステムが数多く導入されています。電力取引の機能は、仮想通貨の取引と同様なため、ブロックチェーンのフレームワークがマッチします。そのため、多くの電力取引システムは、ブロックチェーンを採用しています。

日本でも電力自由化により、既存の電力会社だけではなく、新たな電力会社が電気を売ることもできます。また、個人で発電した電力も電力会社に売ることも可能です。このように、多くの企業や個人が参加して、電力の取引を行うようになっています。まさに、ブロックチェーン基盤で、嘘のない信頼された取引が求めらます。ブロックチェーンであれば、取引履歴に改ざんはできません。

電力の取引になると、企業に閉じたシステムではなく、電力取引に関わる人達が集まるコミュニティを形成する必要があります。そのコミュニティに属する人たちで、電力の取引を行います。ブロックチェーンシステムの形態では、プライベート、パブリック、コミュニティとある中で、コミュニティ型になります。コミュニティ型は、仮想通貨などに使われるプライベート型のブロックチェーンと、企業ユースになるプライベート型の両方のブロックチェーンが適用できます。よって、仮想通貨に利用されるブロックチェーン基盤でも構築ができるのです。

2-4-1 電力エコポイントシステムの概要

このシステムは、実証実験として、電力そのものではなく、電力エコポイントを取引対象にしています。電力エコポイントとは、自然エネルギーとしての電力を得たときに、発生するポイントです。例えば、ソーラーパネルを自宅に設置して、そこから得られた電力には、電力エコポイントが付きます。さらに、電力エコポイントは、電力を消費するときにも、エコな電力ということで、通常の電力とは区別されます。

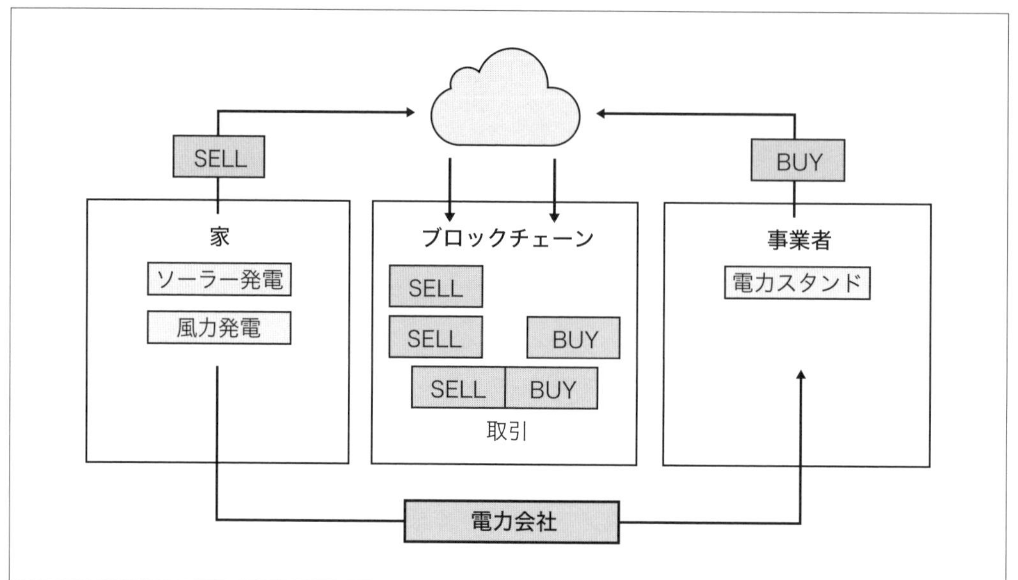

電力エコポイントシステムの概要

実証実験では、ソーラーパネルのある家に、電力エコポイント用にスマートメーターを設置しています。ソーラーパネルから発電すると電力エコポイントが発生します。電力エコポイントは、定期的にスマートメーターからクラウド上にある電力エコポイントシステムに送信されます。また、ポイントをまとめて、証書化します。少ないポイントというよりは、ある程度の塊にして、証書化します。これが、取引の対象になります。システム上には、証書化された電力エコポイントがリストで表示されます。

これらの電力エコポイントは、ブロックチェーンに保存されます。ある家の電力エコポイントがブロックチェーンに保存され、履歴になります。また、現在の電力エコポイントの合計、もしくは取引された場合は残高ポイントも家ごとにあります。

電力を使う方では、証書化された電力エコポイントを買うことになります。売り手と買い手があると、取引が成立します。買い手は、電力エコポイントの一覧があり、取引したいポイントを選択して、購入します。これにより、買い手は、電力を使用するときにクリーンなエネルギーを使うことになります。仮想通貨の取引にかなり似ています。このシステムでは、明確に、取引所というアプリケーションがあり、売買が行われるのです。嘘のない取引を行うためには、ブロックチェーンを利用して、取引履歴が改ざんされたいように残されます。また、取引相手も信用が置けるかどうかも、ブロックチェーンの機能の信頼性確認で行うことができます。

このように、ブロックチェーンの基本的な機能を使って、システムを構築することができます。

今回のシステムでは、買い手は、電力バイクのレンタルビジネスをしている会社で、その電力はクリーンなエネルギーを利用しているということになります。エネルギーがクリーンなものかどうかは、今後、重要になってくるでしょう。
最後に、特徴をまとめると以下のようになります。

- 電力エコポイントの提供、購買データのブロックチェーン化
- スケール可能性（多くのスマートメーターと連動可能）
- エコポイントの取引ルールの組み込みが容易
- IoT 対応（スマートメーター、電気スタンドなど）

このシステムでの期待する効果は以下になります。

- 電力エコポイントのシステムとしての妥当性
- 安定した運用
- スケール可能性（全国規模）
- 様々な IoT の接続

2-4-2 アーキテクチャー

電力エコポイントシステムのアーキテクチャーは、**IoT** と組み合わせた取引システムです。IoT 装置からデータが発生して、クラウド上にあるブロックチェーンにデータがトランザクションとして、送信されます。トランザクションは、ブロックチェーンのデータプール上に溜まっていき、ビジネスルールとして決められた間隔とまとめられる世帯で、証書としてブロック化されます。そして、このブロックは、他のノードに送られて、改ざん不可能になります。システムとしては、3つのノードがあるため、全てを同時に書き換えなければ改ざんはできません。実際問題、ほぼ不可能なことです。

取引サービスは、別なアプリケーションとして、クラウド上で稼働しています。取引サービスは、電力を買い取るユーザーがログインして、購入可能な証書化された電力エコポイントを選びます。選んだエコポイントを購入するのです。本実証実験では、手作業で購入を行いましたが、取引の自動化を組み込めば、自動的な取引もできるようになります。将来、取引の手順が確定されるもしくはルールを組み込めるようになれば、自動取引になります。また、取引のルールは、スマートコントラクトとして、ブロックチェーンに組み込めば、信頼のある取引にすることができます。

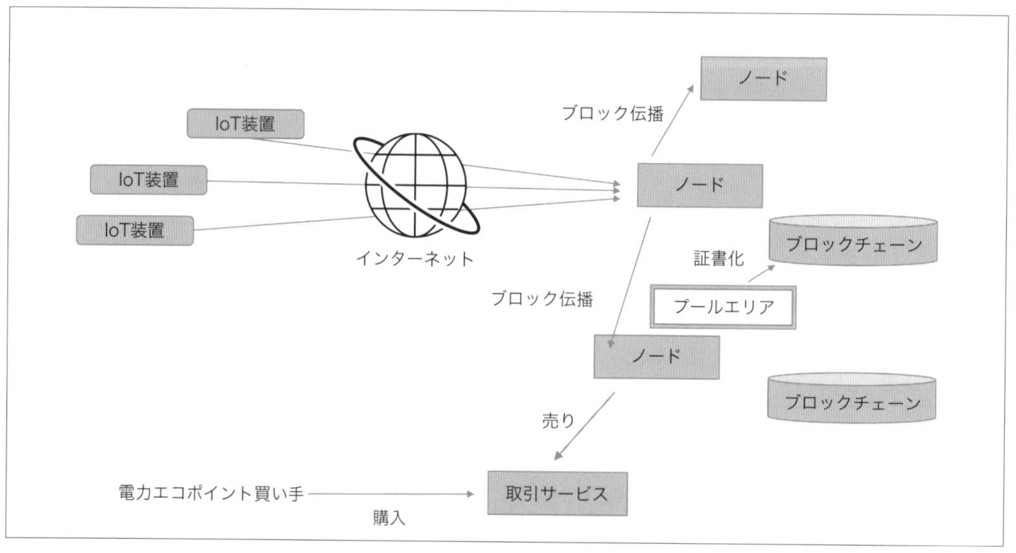

電力エコポイントシステムのアーキテクチャー

このシステムを応用すると、IoTデバイスを含むデータ活用のシステムを構築することが可能です。もちろん、分析にはAIを活用することも考えられます。

2-4-3 今後の展望

ポイントの流通という実証実験ではありますが、今後は多くのシステムが連携していき、仮想通貨ということではなく、ポイントも含まれるトークンが流通していきます。

情報の発生源としては、IoT 装置も含まれます。ただし、IoT 装置からは非常に多くのデータが発生するので、**スクリーニング**が重要です。すべてを溜め込んでいては、データベースがすぐにパンクしてしまいます。発生した情報を価値化することに、ブロックチェーンの技術が必要になってきます。信頼性を付加することや非改ざん性を保証するなどを行います。ブロックチェーンにより、従来では価値の出ないデータも価値のあるデータになります。価値のあるデータは、データ分析などの活用が行われます。IoT、AI 技術のバックボーン技術として、ブロックチェーン技術はますます重要になってきます。裏方のために、前面に出ることはありませんが、気の利いたシステムであれば、ブロックチェーンフレームワークを利用することも多くなります。

流通するものとして、データそのものというよりも、データの場所を指しているトークンになります。トークンを取得すると、そのトークンが指しているデータを入手することができます。トークンは、電力エコポイントのように、取引の対象になります。トークンは、対象の領域により、様々な種類があります。仮想通貨は、通貨のトークンです。医療情報であれば、医療情報のトークンで、個人の医療データを指すものです。トークンに関しては、標準化がすでに始まっていて、トークンに含まれる情報が決まってくると思われます。そうなると、標準に適用しているブロックチェーンであれば、異なるブロックチェーン間でのトークンのやり取りが可能になります。電力ポイントがお買物ポイントに交換されたり、ということが標準化されることで容易に実現できるようになります。

このように、コミュニティ型のブロックチェーンは、今後は、利用範囲が広まり、多くのシステムが有機的に連携して、DX 化が促進するでしょう。価値のあるデータが相互交換され、さらに活用されるようになってくるでしょう。

Chapter 2-5

スマートロックシステム

スマートロックシステムとは、スマートフォンを使って、鍵を開けるシステムのことです。スマートロックは、鍵を開けるということで、様々なシステムに利用されます。例えば、家の鍵を開ける、車の鍵を開けるなどです。家の鍵をスマートロックにするには、鍵を取り替えなくても、手の代わりに鍵を開ける装置をつけることでも可能です。

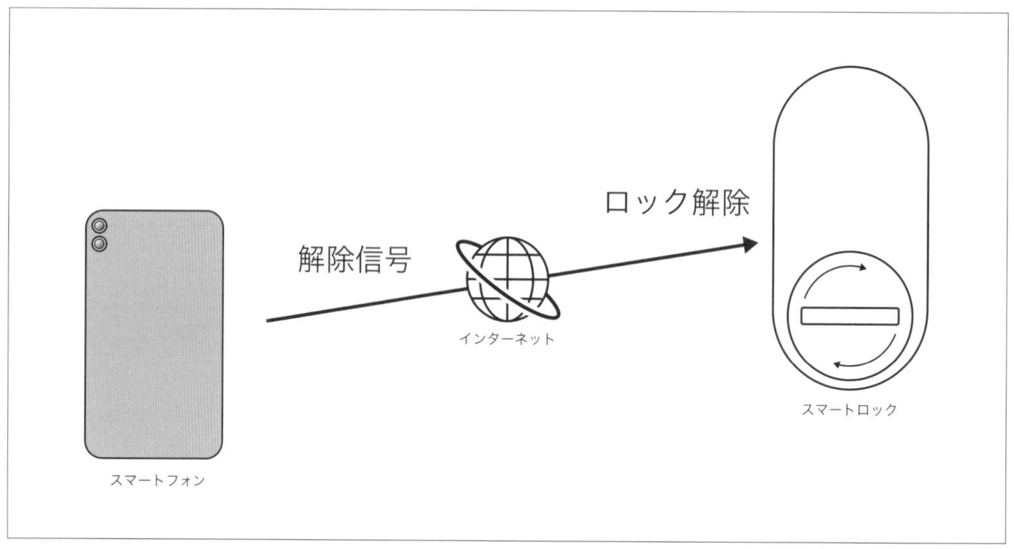

スマートロック

鍵を利用するということで、信頼が重要になってきます。この信頼に関して、ブロックチェーンが必要になります。信頼できるユーザーを判定するというのは、多くのオークションシステムにブロックチェーンが使われているのと、同じような理由で、ブロックチェーンの機能を使います。

2-5-1 スマートロックシステムの概要

スマートロックは鍵なので、装置として、APIによりアクセスが可能になっている必要があります。少なくとも、鍵を開ける、閉めるなどの命令を受け付けます。そして、この命令を出す権限は、認証され権限のあるユーザーです。鍵の部分は、IoTと同様に考えられます。

ユーザーは、システムに登録して、必要な個人認証を行います。鍵に関することなので、パスポートや自動車免許証などを使うことになります。過去に問題を起こしていないかも確認します。ユーザーは、ホテル、民泊、もしくはレンタカーなどのサービスの予約をします。サービス側でチェックをしたら、利用する日時のキーが発行されます。ユーザーはそのキーを使って、利用時にスマートロックを開けることになります。

予約して、キーを発行する機能は、ブロックチェーンのスマートコントラクト機能を利用して、自動的に処理されます。ブロックチェーンによるシステムであれば、サービスを低コストでローンチすることができるのです。

さらに、サービスのレビューとして、ユーザーは評価を入れます。もちろん、評価が悪いサービスは人気がなくなったり、サービス停止ということもあるかもしれません。ユーザー、サービスなども含むコミュニティとしての信頼を構築するシステムになります。

2-5-2 アーキテクチャー

アーキテクチャーとしては、鍵であるスマートロック、ネットワーク、サービスに大きく別れています。

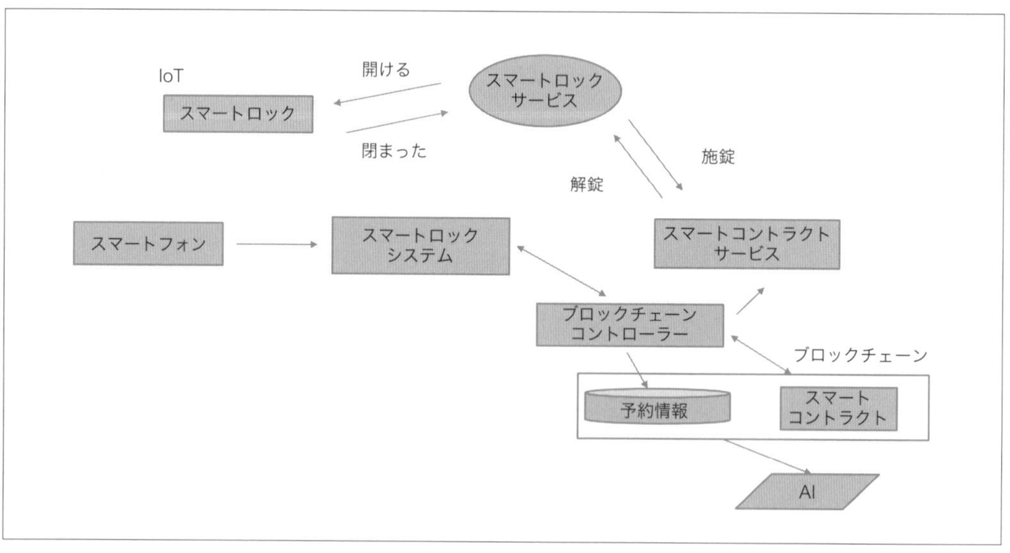

スマートロックシステムアーキテクチャー

スマートロックは、メーカーがすでに専用のシステムを構築して、接続することになります。接続スクリプトは、ブロックチェーン上のスマートコントラクトが持つことになります。スマートコントラクトに関しては、プログラムコードをそのままブロックチェーンに入れて実行するEthereumのような実装と、マイクロサービスとして外出しするRablockのような実装があります。システムを軽量にするには、マイクロサービスの方が良いのですが、逆にサービス接続のセキュリティを強固にする必要があります。ブロックチェーンの外にサービスがあるので、クラックされて改変される可能性があるからです。

マイクロサービスの場合、スマートロックサービスとのやり取りは、コントラクトが担います。システムのメイン部分は、予約というコントラクトに対して、予約日が来たというイベントを送るだけです。コントラクトは、予約日が来たことによって、鍵を開けられる状態にするという処理を行います。実際には、スマートロックサービスへ鍵を開けられる状態にするというメッセージを送ります。

利用者の情報や履歴などは、ブロックチェーンに保管されます。さらに、予約の情報などもブロックチェーンに置かれます。これにより、データの改ざんは行われなくなります。必要によって、この後ろにAIシステムを接続しておけば、高度な分析を行うことができます。IoT、AI、ブロックチェーンの関係は、IoTでデータの発生やハードの制御を行ってデータを集めます。ブロックチェーンに入れて、信頼性を付加し、AIが分析するのです。場合によっては、AIの分析結果がブロックチェーンに入って、IoTに指示を送ることもあります。

スマートロックのシステムは、サーバーレスアーキテクチャーで、スマートフォンアプリとサーバーレスのサービスに分かれます。スマートロックシステムは、サーバーレスのサービスとして、構築することになります。バックエンドのブロックチェーンコントローラーを制御して、機能を実装します。

このシステムのアーキテクチャーは、マイクロサービス、サーバーレス、IoT、AIの最新のものが組み合わさっています。これらをうまく組み合わせることで、柔軟で、規模や機能などへの対応力のあるシステムを構築できます。

2-5-3 想定されるシステム

スマートロックは、鍵の管理をスマートフォンから、すなわちクラウドから可能にすることです。考えられるシステムは、鍵を使うもの全てになります。もちろん、すでに対応しているハードウェアが発売されているものはすぐに構築できます。
想定されるシステムとしては、以下のものが考えられます。

- ホテルの鍵管理
- 民泊システム
- カーシェアのキー管理
- 時間貸し駐車場
- 貸会議室の鍵管理

これらの他にも、多くのシステムがあるでしょう。
特徴は、鍵の管理と利用者が多いということです。例えば、特定の１０人しか使わない鍵であれば、ここまでやる必要はありません。しかし、登録して、ある資格のある人全てとなった瞬間に、鍵の管理が難しくなります。鍵の有効期限や利用者の信頼など、多くの課題がでてきます。
もちろん、ブロックチェーンを使わずに実現することもできます。ブロックチェーンを使うことのメリットは、構築コストとスピードになります。それは、ブロックチェーンがこのサービスにおける基本機能をすべて備えているからです。データの安全性、利用者の信頼性、鍵のトレーサビリティは、ブロックチェーンに組み込まれている機能です。これらをゼロから開発していては、多くの費用がかかります。また、すぐにサービスを立ち上げることもできません。

2-5-4 トークンについて

トークンとは

ブロックチェーンで扱われるトークンについて、少し掘り下げてみます。**トークン**とは、古くは、地下鉄の入場の際に、利用されるコインとして知られています。現在のITの世界では、仮想通貨に代表される取引の対象物になっています。

トークンという形式にすることで、扱いやすく取引が容易になります。例えば、膨大な土地を取引するとします。このときに、土地を持ってくることはできません。取引には権利書なりが使われます。このように、実態の代わりに、取引を行うときに、その取引を容易にするために使われるものです。

先に、事例として出した医療情報も同じように考えられます。医療データそのものを取引に使うと、データの内容が見られてしまい、機密性の観点から良いものでありません。ところが、実際のデータは別の場所に置いて、そこの場所を示す情報をトークンとして扱うと、実際のデータの漏洩を考えずに取引を行うことができます。このように、トークンにすることで、取引を容易にすることができます。トークンにすることをトークン化とも呼びます。ブロックチェーンのほとんどのシステムで、トークンが使われているのは、このためです。

当然のことながら、トークンを標準化しようという動きもあります。**InterWork Alliance**では、トークン分類のフレームワークを策定しています（https://interwork.org/frameworks/token-taxonomy-framework/）。

対象は、仮想通貨だけではなく、投票、劇場チケット、石油、商品の在庫情報など、さまざまなものを定義して、一様に扱えるように検討しています。これらをブロックチェーンベースのシステムで扱うときに、どのシステムでも同じ定義を使えば、異なるシステム間で、やり取りが可能になります。

FungibleとNon-Fungible

トークンの分類上、重要なのが**トークン型**で、**Fungible** と **Non-Fungible** があります。Fungible というのは、代替可能性ということで、交換ができるかどうかということになります。例えば、千円紙幣であれば、商品を購入するときに使うことができます。プレミア番号などの特殊な紙幣を除いて、どの千円紙幣でも同じように使えます。これは、Fungible だと言えます。一方、Non-Fungible は、誰かが描いた絵画のように、全く同じものがないものです。お店で売っているおもちゃも、どれを購入しても同じだという意味では、Fungible になります。トークンは、取引に使うものなので、代替可能性ということがとても重要なのです。詳しく知りたい方は、こちらが参考になります（10 分で分かる NFT https://hashhub-research.com/articles/2020-03-01-nft-in-10-minutes）。

2-5-5 スマートロックシステムの実装例

それでは、実際のスマートロックの実装として Java のコードを見ていきます。サービスとしては、Spring Boot として作成しています。**Spring Boot** のコントローラークラスで、REST インターフェースに対する動作を記述しています。状態を取得するのは、/status という **REST API** になります。このコードは、以下になります。

※ここで解説しているセサミスマートロックはCANDY HOUSE JAPAN株式会社（https://jp.candyhouse.co/）が販売しているスマートロックシステムです。

```
/**
 * 指定されたセサミスマートロックの状態を取得する。
 * ただし、手動またはアプリ (Bluetooth) で施錠・解錠した場合、自動同期が行われるまで ( 最大５分間 )
 * 実際の状態とセサミサーバーが管理する状態にずれが発生するので注意が必要。
 *
 * @param param JSON 形式のパラメータ (apiKey/deviceId 項目は必須 )
 * @return JSON 形式のレスポンス
 */
@RequestMapping(value = "/status", method = RequestMethod.POST)
public String getStatus(@RequestBody String param) {
```

```
        // API キーを取得
        String apiKey = sesameService.getApiKeyFromJson(param);
        if(apiKey == null) {
            // API キーまたはデバイス ID が存在しない場合はエラー情報を返却
            log.error("apiKey 項目が存在しません。");
            log.error(param);
            return sesameService.createErrorResponse(
                      String.valueOf(HttpStatus.BAD_REQUEST.value()), "不正なパラメータです。
");
        }

        // デバイス ID を取得
        String deviceId = sesameService.getDeviceIdFromJson(param);
        if(deviceId == null) {
            // デバイス ID がない場合、シリアルからデバイス ID を取得する
            String serial = sesameService.getSerialFromJson(param);
            deviceId = sesameService.getDeviceIdFromSerial(apiKey, serial);
            if(deviceId == null) {
                // それでもデバイス ID が取得できない場合はエラー情報を返却
                log.error("deviceId 項目または serial 項目が存在しません。");
                log.error(param);
                return sesameService.createErrorResponse(
                          String.valueOf(HttpStatus.BAD_REQUEST.value()), "不正なパラメータで
す。");
            }
        }

        // 状態取得処理
        String res = sesameService.getSesameStatus(apiKey, deviceId);

        return res;
    }
```

次に、セサミスマートロックの一覧を取得する /list です。

```
    /**
     * 指定された API キーに紐づくセサミスマートロックの一覧を取得する。
     *
     * @param param JSON 形式のパラメータ (apiKey 項目は必須 )
     * @return JSON 形式のレスポンス
     */
    @RequestMapping(value = "/list", method = RequestMethod.POST)
    public String list(@RequestBody String param) {
        // API キーを取得
        String apiKey = sesameService.getApiKeyFromJson(param);
        if(apiKey == null) {
            // API キーが存在しない場合はエラー情報を返却
            log.error("apiKey 項目が存在しません。");
            log.error(param);
            return sesameService.createErrorResponse(
                    String.valueOf(HttpStatus.BAD_REQUEST.value()), " 不正なパラメータです。
");
        }

        // 一覧情報取得処理
        String res = sesameService.getSesameList(apiKey);

        return res;
    }
```

施錠と解錠のコードは以下になります。/lock と /unlock です。

```
    /**
     * 指定されたセサミスマートロックを施錠する。
     * ただし、通信が成功しても施錠処理が成功したとは限らないので、
     * レスポンスとして返却される task_id から結果情報を取得して確認する必要がある。
     *
     * @param param JSON 形式のパラメータ (apiKey/deviceId 項目は必須 )
     * @return JSON 形式のレスポンス
     */
    @RequestMapping(value = "/lock", method = RequestMethod.POST)
    public String lock(@RequestBody String param) {
        // API キーを取得
```

```
    String apiKey = sesameService.getApiKeyFromJson(param);

    if(apiKey == null) {
        // API キーまたはデバイス ID が存在しない場合はエラー情報を返却
        log.error("apiKey 項目が存在しません。");
        log.error(param);
        return sesameService.createErrorResponse(
          String.valueOf(HttpStatus.BAD_REQUEST.value()), "不正なパラメータです。");
    }

    // デバイス ID を取得
    String deviceId = sesameService.getDeviceIdFromJson(param);
    if(deviceId == null) {
        // デバイス ID がない場合、シリアルからデバイス ID を取得する
        String serial = sesameService.getSerialFromJson(param);
        deviceId = sesameService.getDeviceIdFromSerial(apiKey, serial);
        if(deviceId == null) {
            // それでもデバイス ID が取得できない場合はエラー情報を返却
            log.error("deviceId 項目または serial 項目が存在しません。");
            log.error(param);
            return sesameService.createErrorResponse(
               String.valueOf(HttpStatus.BAD_REQUEST.value()), "不正なパラメータです。");
        }
    }

    // 施錠処理
    String res = sesameService.executeLock(apiKey, deviceId);

    return res;
}

/**
 * 指定されたセサミスマートロックを解錠する。
 * ただし、通信が成功しても解錠処理が成功したとは限らないので、
 * レスポンスとして返却される task_id から結果情報を取得して確認する必要がある。
 *
 * @param param JSON 形式のパラメータ (apiKey/deviceId 項目は必須 )
 * @return JSON 形式のレスポンス
 */

@RequestMapping(value = "/unlock", method = RequestMethod.POST)
```

```
public String unlock(@RequestBody String param) {
    // API キーを取得
    String apiKey = sesameService.getApiKeyFromJson(param);
    if(apiKey == null) {
        // API キーまたはデバイス ID が存在しない場合はエラー情報を返却
        log.error("apiKey 項目が存在しません。");
        log.error(param);
        return sesameService.createErrorResponse(
          String.valueOf(HttpStatus.BAD_REQUEST.value()), "不正なパラメータです。");
    }

    // デバイス ID を取得
    String deviceId = sesameService.getDeviceIdFromJson(param);
    if(deviceId == null) {
        // デバイス ID がない場合、シリアルからデバイス ID を取得する
        String serial = sesameService.getSerialFromJson(param);
        deviceId = sesameService.getDeviceIdFromSerial(apiKey, serial);
        if(deviceId == null) {
            // それでもデバイス ID が取得できない場合はエラー情報を返却
            log.error("deviceId 項目または serial 項目が存在しません。");
            log.error(param);
            return sesameService.createErrorResponse(
               String.valueOf(HttpStatus.BAD_REQUEST.value()), "不正なパラメータです。");
        }
    }

    // 解錠処理
    String res = sesameService.executeUnlock(apiKey, deviceId);

    return res;
}
```

コントローラーの最後の REST API は、タスクに対する結果の照会です。URL は、/result になります。

```
    /**
     * 指定されたタスク ID に該当する結果情報 ( 施錠・解錠 ) を取得する。
     *
     * @param param JSON 形式のパラメータ (apiKey/taskId 項目は必須 )
     * @return JSON 形式のレスポンス
     */
    @RequestMapping(value = "/result", method = RequestMethod.POST)
    public String getResult(@RequestBody String param) {
        // API キーとタスク ID を取得
        String apiKey = sesameService.getApiKeyFromJson(param);
        String taskId = sesameService.getTaskIdFromJson(param);
        if(apiKey == null || taskId == null) {
            // API キーが存在しない場合はエラー情報を返却
            log.error("apiKey 項目または taskId 項目が存在しません。");
            log.error(param);
            return sesameService.createErrorResponse(
              String.valueOf(HttpStatus.BAD_REQUEST.value()), " 不正なパラメータです。");
        }

        // 結果情報取得処理
        String res = sesameService.getSesameActionResult(apiKey, taskId);

        return res;
    }
}
```

2-5-6 スマートコントラクトシステムの実装例

スマートロックシステムに必要なスマートコントラクトの実装例を見ていきます。サービスとしては、Spring Bootとして作成しています。Spring Bootのコントローラークラスで、RESTインターフェースに対する動作を記述しています。状態を取得するのは、/contractというREST APIになります。このコードは、以下になります。

```
/**
 * スマートコントラクト関連のコントローラクラス <br>
 *
 * Copyright (c) 2018 Rablock Inc.
 *
 * @author Gravity
 * @version 1.0
 */
@RestController
@RequestMapping("/contract")
public class SmartContractController {

    /** プールコレクションのサービスクラス */
    @Autowired
    private PoolService poolService;

    /** スマートコントラクト関連のサービスクラス */
    @Autowired
    private SmartContractService contractService;

    /** 共通処理のサービスクラス */
    @Autowired
    private Common common;

    /** アプリケーションプロパティ */
    @Autowired
    private GetAppProperties config;

    /** ロガー */
    private Logger log = BCLogger.getLogger(SmartContractController.class);
```

```
    /**
     * 契約定義をブロックチェーンに登録する。
     *
     * @param json JSON形式の契約定義情報
     * @return 正常終了：OK / 異常終了：NG
     */
    @RequestMapping(value = "/define", method = RequestMethod.POST)
    public String define(@RequestBody String json) {

        try {
            // 登録対象データの項目チェック
            JsonNode node = contractService.checkContractDefine(json);
            if(node == null) {
                String errMsg = "契約定義のデータ形式が不正です。";
                log.error(errMsg);
                return contractService.createResponse("NG", errMsg, null);
            }

            if(ConstType.NEW.equals(node.get(ConstItem.DATA_TYPE).asText())) {
                // 新規登録時のデータチェック
                if(!contractService.checkNewDefine(node)) {
                    String errMsg = "不正なデータのため契約定義情報は登録できません。";
                    log.error(errMsg);
                    return contractService.createResponse("NG", errMsg, null);
                }
            }else if (ConstType.MODIFY.equals(node.get(ConstItem.DATA_TYPE).asText())
                    || ConstType.DELETE.equals(node.get(ConstItem.DATA_TYPE).asText())) {
                // 変更・削除時のデータチェック
                if(!contractService.checkModifyDeleteDefine(node)) {
                    String errMsg = "不正なデータのため契約定義情報の変更・削除はできません。";
                    log.error(errMsg);
                    return contractService.createResponse("NG", errMsg, null);
                }
            }else {
                // データ種別が不正
                String errMsg = "不正なデータ種別です。";
                 log.error("データ種別：" + node.get(ConstItem.DATA_TYPE).asText() + "は不
正です。");
                return contractService.createResponse("NG", errMsg, null);
            }
```

```
            if("ON".equals(config.getCryptoStatus())) {
                // TODO: データの暗号化処理
            }

            // データ登録
            JSONObject jsonObj = new JSONObject(node.toString());
            jsonObj.put(ConstItem.CONTRACT_TYPE, ConstType.CONTRACT_DEFINE);
            DBObject result = poolService.setPool(jsonObj, common.getCurrentTime());
            if (result == null) {
                String errMsg = "契約定義の登録に失敗しました。";
                log.error(errMsg);
                log.error(jsonObj.toString());
                return contractService.createResponse("NG", errMsg, null);
            }
        }catch(Exception e) {
            String errMsg = "予期せぬエラーが発生しました。";
            log.error(errMsg);
            return contractService.createResponse("NG", errMsg, null);
        }

        return contractService.createResponse("OK", null, null);
    }

    /**
     * 登録されている契約定義を全件取得する。
     *
     * @return レスポンス情報
     */
    @RequestMapping(value = "/define/list", method = RequestMethod.GET)
    public String defineList() {

        // 契約定義リストの取得
        JsonNode defineList = contractService.getDefineList();
        if(defineList == null) {
            // エラー処理
                return contractService.createResponse("NG", "予期せぬエラーが発生しました。",
null);
        }

        // レスポンス返却
```

```
        return contractService.createResponse("OK", null, defineList);
    }

    /**
     * ユーザーとの契約内容をブロックチェーンに登録する。
     *
     * @param json JSON形式の契約内容情報
     * @return 正常終了：OK / 異常終了：NG
     */
    @RequestMapping(value = "/agree", method = RequestMethod.POST)
    public String agree(@RequestBody String json) {

        try {
            // 登録対象データの項目チェック
            JsonNode node = contractService.checkContractAgree(json);
            if(node == null) {
                String errMsg = "不正なデータが存在するためユーザー契約情報は登録できません。";
                log.error(errMsg);
                contractService.createResponse("NG", errMsg, null);
            }

            if("ON".equals(config.getCryptoStatus())) {
                // TODO: データの暗号化処理
            }

            // データ登録
            JSONObject jsonObj = new JSONObject(node.toString());
            jsonObj.put(ConstItem.CONTRACT_TYPE, ConstType.CONTRACT_AGREE);
            DBObject result = poolService.setPool(jsonObj, common.getCurrentTime());
            if (result == null) {
                String errMsg = "ユーザー契約情報の登録に失敗しました。";
                log.error(errMsg);
                log.error(jsonObj.toString());
                contractService.createResponse("NG", errMsg, null);
            }
        }catch(Exception e) {
            String errMsg = "予期せぬエラーが発生しました。";
            log.error(errMsg);
            return contractService.createResponse("NG", errMsg, null);
        }
```

```
        return contractService.createResponse("OK", null, null);
    }

    /**
     * ユーザー契約情報を下記項目で検索し、一覧を返却する。
     * user : ユーザー ID
     * number : 契約番号
     *
     * @param user ユーザー ID
     * @param number 契約番号
     * @return ユーザー契約情報一覧
     */
    @RequestMapping(value = "/agree/list", method = RequestMethod.GET)
    public String agreeList(@RequestParam(name = "user", required = false) String user,
            @RequestParam(name = "number", required = false) String number) {

        // ユーザー契約一覧の取得
        JsonNode agreeList = contractService.getAgreeList(user, number);
        if(agreeList == null) {
            // エラー処理
                return  contractService.createResponse("NG", "予期せぬエラーが発生しました。",
null);
        }

        // レスポンス返却
        return contractService.createResponse("OK", null, agreeList);
    }

    /**
     * 指定された oid に該当するユーザー契約情報を返却する。
     *
     * @param oid オブジェクト ID
     * @return ユーザー契約情報
     */
    @RequestMapping(value = "/agree/{oid}", method = RequestMethod.GET)
    public String agreeDetail(@PathVariable String oid) {

        // ユーザー契約情報の取得
        JsonNode agreeDetail = contractService.getAgreeForOid(oid);
        if(agreeDetail == null) {
```

```
            // エラー処理
                return  contractService.createResponse("NG", "予期せぬエラーが発生しました。",
null);
        }

        // レスポンス返却
        return contractService.createResponse("OK", null, agreeDetail);
    }

    /**
     * ユーザーとの契約内容を実行し、結果をブロックチェーンに登録する。
     *
     * @param json JSON形式の実行パラメータ
     * @return 正常終了：OK / 異常終了：NG
     */
    @RequestMapping(value = "/execute", method = RequestMethod.POST)
    public String execute(@RequestBody String json) {

        String response = null;
        try {
            // 実行パラメータのチェック
            JsonNode param = contractService.checkExecParam(json);
            if(param == null) {
                String errMsg = "実行パラメータのデータ形式が不正です。";
                log.error(errMsg);
                return contractService.createResponse("NG", errMsg, null);
            }

            // ユーザー契約情報取得、および契約内容・契約期限チェック
            JsonNode agree = contractService.checkExecAgree(param.get("oid").asText());
            if(agree == null) {
                String errMsg = "ユーザー契約情報が不正です。";
                log.error(errMsg);
                return contractService.createResponse("NG", errMsg, null);
            }

            // 契約定義情報取得
            JsonNode define = contractService.checkExecDefine(
                    agree.get(ConstItem.CONTRACT_NUMBER).asText(), param.get(ConstItem.
CONTRACT_FUNC_ID).asText());
            if(define == null) {
```

```
                String errMsg = "契約定義情報が不正です。";
                log.error(errMsg);
                return contractService.createResponse("NG", errMsg, null);

            }

            // 実行対象オペレーションの実行
            response = contractService.execContract(param, define, agree);

        }catch(Exception e) {
            String errMsg = "予期せぬエラーが発生しました。";
            log.error(errMsg);
            return contractService.createResponse("NG", errMsg, null);
        }

        return response;
    }

    /**
     * 実行結果情報を下記項目で検索し、一覧を返却する。
     * user : ユーザーID
     * number : 契約番号
     *
     * @param json 検索キー
     * @return 実行結果情報一覧
     */
    @RequestMapping(value = "/result/list", method = RequestMethod.GET)
    public String resultList(@RequestParam(name = "user", required = false) String user,
            @RequestParam(name = "number", required = false) String number) {

        // 実行結果一覧の取得
        JsonNode resultList = contractService.getResultList(user, number);
        if(resultList == null) {
            // エラー処理
                return contractService.createResponse("NG", "予期せぬエラーが発生しました。",
null);
        }

        // レスポンス返却
        return contractService.createResponse("OK", null, resultList);
    }
```

```
    /**
     * 指定されたoidに該当する実行結果情報を返却する。
     *
     * @param oid オブジェクトID
     * @return 実行結果情報
     */
    @RequestMapping(value = "/result/{oid}", method = RequestMethod.GET)
    public String resultDetail(@PathVariable String oid) {

        // 実行結果情報の取得
        JsonNode resultDetail = contractService.getResultForOid(oid);
        if(resultDetail == null) {
            // エラー処理
                return contractService.createResponse("NG", "予期せぬエラーが発生しました。",
null);
        }

        // レスポンス返却
        return contractService.createResponse("OK", null, resultDetail);
    }

    /**
     * テスト用のスタブ。
     *
     * @param json JSON形式の実行パラメータ
     * @return レスポンス
     */
    @RequestMapping(value = "/test", method = RequestMethod.POST)
    public String test(@RequestBody String json) {
            String response = "{\"status\" :\"OK\", \"message\" :\"test\", \"info\" :
{\"taskId\" :\"1234567890\"}}";
        return response;
    }
}
```

2-5-7 スマートコントラクトの実装例(サービスクラス)

コントローラークラスに続いて、サービスクラスを見ていきます。サービスクラスは、コントローラークラスから呼び出されます。コントローラーとサービスというレイヤを分けています。**サービスクラス**（**SmartContractService**）には、メソッドとして、次のものがあります。

checkContractDefine() メソッドは、契約定義情報の項目チェックを行います。引数はJSON形式の契約定義情報で、リターン値は契約定義情報のJsonNodeオブジェクトになります。

checkNewDefine() メソッドは、契約定義情報に対して新規登録前のチェック処理を行います。引数は契約定義情報、リターン値は登録の結果ステータスです。

checkModifyDeleteDefine() メソッドは、契約定義情報に対して変更・削除前のチェック処理を行います。引数は契約定義情報、リターン値は変更・削除の結果ステータスです。

checkContractAgree() メソッドは、ユーザー契約情報の項目チェックを行います。引数はJSON形式のユーザー契約情報、リターン値はユーザー契約情報のJsonNodeオブジェクトです。

checkExecParam() メソッドは、実行パラメータの項目チェックを行います。引数はJSON形式の実行パラメータ、リターン値は実行パラメータのJsonNodeオブジェクトです。

checkExecAgree() メソッドは、指定されたオブジェクトIDをもとにユーザー契約情報を取得し、契約内容のチェックを行います。引数はオブジェクトID、リターン値は有効なユーザー契約情報です。

checkExecDefine() メソッドは、指定された契約番号に該当する契約定義情報を取得し、定義内容のチェックを行います。引数は契約番号オペレーションID、リターン値は契約定義情報です。

getDefineList() メソッドは、登録されているすべての契約定義情報を返却します。リターン値は、契約定義リストです。

getDefineForNumber() メソッドは、指定された契約番号に該当する契約定義情報を返却します。引数は契約番号、リターン値は契約定義情報です。ID、契約番号に該当する、ユーザー契約一覧を返却します。引数はユーザーIDと契約番号、リターン値はユーザー契約一覧です。

getAgreeForOid() メソッドは、指定されたoidに該当するユーザー契約情報を返却します。引数はオブジェクトID、リターン値はユーザー契約情報です。

execContract() メソッドは、指定された契約のオペレーションを実行します。引数は実行パラメータと契約定義情報とユーザー契約情報、リターン値はレスポンスです。

getResultList() メソッドは、指定されたユーザー ID、契約番号に該当する、実行結果一覧を返却します。引数はユーザー ID と契約番号、リターン値は実行結果一覧です。

getResultForOid() メソッドは、指定された oid に該当する実行結果情報を返却します。引数はオブジェクト ID、リターン値は実行結果情報です。

createResponse() メソッドは、返却するレスポンス（JSON 形式）を生成します。引数は処理結果とメッセージと付加情報、リターン値はレスポンス文字列です。

getFunctionForId() メソッドは、契約定義情報をもとに、指定されたオペレーション ID に該当するオペレーション情報を返却します。引数はオペレーション ID と契約定義情報、リターン値はオペレーション情報です。

```
/**
 * スマートコントラクト関連のサービスクラス
 *
 * Copyright (c) 2018 Rablock Inc.
 *
 * @author Gravity
 * @version 1.0 */
@Service
public class SmartContractService {

    /** ブロックサービス */
    @Autowired
    private BlockService blockService;

    /** プールサービス */
    @Autowired
    private PoolService poolService;

    /** 共通処理のサービスクラス */
    @Autowired
    private Common common;

    /** アプリケーションプロパティ */
    @Autowired
    private GetAppProperties config;

    /** ロガー */
```

```
private Logger log = BCLogger.getLogger(SmartContractService.class);


/**
 * 契約定義情報の項目チェックを行う。
 *
 * @param json JSON 形式の契約定義情報
 * @return 契約定義情報の JsonNode オブジェクト
 *         データ形式に異常がある場合は NULL を返却。
 */
public JsonNode checkContractDefine(String json) {
    // JSON 文字列の変換
    JsonNode node = null;
    try {
        ObjectMapper mapper = new ObjectMapper();
        node = mapper.readTree(json);
    } catch (IOException e) {
        log.error("JSON 文字列のパースに失敗 ");
        return null;
    }

    // 項目の存在チェック
    if(!node.has(ConstItem.DATA_TYPE)
        || !node.has(ConstItem.CONTRACT_NUMBER)
        || !node.has(ConstItem.CONTRACT_NAME)
        || !node.has(ConstItem.CONTRACT_FUNC)) {
        log.error(" 契約定義に必要な項目がありません。");
        return null;
    }

    // オペレーション定義のチェック
    JsonNode func = node.get(ConstItem.CONTRACT_FUNC);
    if(!(func.isArray())) {
        // 定義がリストでない、または空のリストの場合は不正
        log.error(" オペレーション定義がリストでありません。");
        return null;
    }


    if(func.size() == 0) {
        // 定義が空のリストの場合は不正
```

```
            log.error(" オペレーション定義が存在しません。");
            return null;
        }

        for (int i = 0; i < func.size(); i++) {
            JsonNode elem = func.get(i);
            if(!(elem.isObject())) {
                // オペレーション定義が連想配列でない場合は不正
                log.error(" オペレーションの定義が不正です。");
                return null;
            }
            if(!elem.has(ConstItem.CONTRACT_FUNC_ID)
                || !elem.has(ConstItem.CONTRACT_FUNC_NAME)
                || !elem.has(ConstItem.CONTRACT_FUNC_URL)) {
                // オペレーションの項目が存在しない場合は不正
                log.error(" オペレーションの必須項目が存在しません。");
                return null;
            }
        }

        return node;
    }
    /**
     * 契約定義情報に対して新規登録前のチェック処理を行う。
     *
     * @param define 契約定義情報
     * @return true: 登録 OK / false: 登録 NG
     */
    public boolean checkNewDefine(JsonNode define) {

        // 契約番号の重複チェック
        String number = define.get(ConstItem.CONTRACT_NUMBER).asText();

        // ブロックを検索
          List<DBObject> blockList = blockService.getStringByKeyValue(ConstItem.CONTRACT_
NUMBER, number);
        if(!blockList.isEmpty()) {
            log.error(" 新規登録対象の契約番号：" + number + " はすでに登録されています。");
            return false;
        }
```

```
        // プールを検索
        ObjectNode node = JsonNodeFactory.instance.objectNode();
        node.put(ConstItem.CONTRACT_NUMBER, number);
          List<DBObject> poolList = poolService.getByKeyValue(ConstItem.CONTRACT_NUMBER,
node);
        if(!poolList.isEmpty()) {
            log.error("新規登録対象の契約番号：" + number + " はすでに登録されています。");
            return false;
        }

        return true;
    }

    /**
     * 契約定義情報に対して変更・削除前のチェック処理を行う。
     *
     * @param define 契約定義情報
     * @return true: 変更・削除OK / false: 変更・削除NG
     */
    public boolean checkModifyDeleteDefine(JsonNode define) {


        // 契約番号の変更チェック
        String originalId = define.get(ConstItem.DATA_ORIGINAL_ID).asText();
        String number = define.get(ConstItem.CONTRACT_NUMBER).asText();
        if(ConstType.MODIFY.equals(define.get(ConstItem.DATA_TYPE).asText())) {
            // 変更元データ取得
            DBObject obj = blockService.findByOidinBlock(originalId);
            if (obj == null) {
                obj = poolService.getDataByOidinPool(originalId);
                if(obj == null) {
                    log.error("変更対象データが存在しません。");
                    return false;
                }
            }

            // 変更前後のデータで契約番号が変わっていたらエラー
            String beforeNumber = (String)obj.get(ConstItem.CONTRACT_NUMBER);
            if(!number.equals(beforeNumber)) {
                log.error("契約番号は変更できません。");
                return false;
```

```
            }
        }

        // 変更・削除の重複チェック
        List<String> modifyDeleteList = blockService.getModifyDeleteListinBlock();
        List<String> poolModifyDeleteList = poolService.getModifyDeleteListinPool();
        modifyDeleteList.addAll(poolModifyDeleteList);
        if (modifyDeleteList.contains(originalId)) {
            log.error("対象データはすでに変更されたか削除されています。");
            return false;
        }

        return true;
    }

    /**
     * ユーザー契約情報の項目チェックを行う。
     *
     * @param json JSON形式のユーザー契約情報
     * @return ユーザー契約情報のJsonNodeオブジェクト
     *         データ形式に異常がある場合はNULLを返却。

     */
    public JsonNode checkContractAgree(String json) {
        // JSON文字列の変換
        JsonNode node = null;
        try {
            ObjectMapper mapper = new ObjectMapper();
            node = mapper.readTree(json);
        } catch (IOException e) {
            log.error("JSON文字列のパースに失敗");
            return null;
        }

        // 項目チェック
        if(!node.has(ConstItem.DATA_TYPE)
             || !node.has(ConstItem.CONTRACT_USER)
             || !node.has(ConstItem.CONTRACT_NUMBER)
             || !node.has(ConstItem.CONTRACT_AGREE_ID)) {
            log.error("ユーザー契約に必要な項目がありません。");
            return null;
```

```
        }

        if(ConstType.MODIFY.equals(node.get(ConstItem.DATA_TYPE).asText())

                || ConstType.DELETE.equals(node.get(ConstItem.DATA_TYPE).asText())) {
            // 変更・削除の重複チェック
            String originalId = node.get(ConstItem.DATA_ORIGINAL_ID).asText();
            List<String> modifyDeleteList = blockService.getModifyDeleteListinBlock();
            List<String> poolModifyDeleteList = poolService.getModifyDeleteListinPool();
            modifyDeleteList.addAll(poolModifyDeleteList);
            if (modifyDeleteList.contains(originalId)) {
                log.error("対象データはすでに変更されたか削除されています。");
                return null;
            }

            // ユーザー契約IDの変更チェック
            String agreeId = node.get(ConstItem.CONTRACT_AGREE_ID).asText();
            if(ConstType.MODIFY.equals(node.get(ConstItem.DATA_TYPE).asText())) {
                // 変更元データ取得
                DBObject obj = blockService.findByOidinBlock(originalId);
                if (obj == null) {
                    obj = poolService.getDataByOidinPool(originalId);
                    if(obj == null)
                                log.error("変 更 対 象 デ ー タ が 存 在 し ま せ ん。");
return null;
                    }
                }

                // 変更前後のデータでユーザー契約IDが変わっていたらエラー
                String beforeAgreeId = (String)obj.get(ConstItem.CONTRACT_AGREE_ID);
                if(!agreeId.equals(beforeAgreeId)) {
                    log.error("ユーザー契約IDは変更できません。");
                    return null;
                }
            }
        }

        // 契約開始・終了日時のチェック
        Date startDate = null;
        Date endDate = null;
        SimpleDateFormat sdf = new SimpleDateFormat("yyyy/MM/dd hh:mm:ss");
```

```
        try {
            if(node.has(ConstItem.CONTRACT_START_DATE)) {
                    if(node.hasNonNull(ConstItem.CONTRACT_START_DATE) && !"".equals(node.
get(ConstItem.CONTRACT_START_DATE).asText())) {
                    // 開始日時を Date 型に変更
                        startDate = sdf.parse(node.get(ConstItem.CONTRACT_START_DATE).
asText());
                }
            }
            if(node.has(ConstItem.CONTRACT_END_DATE)) {
                    if(node.hasNonNull(ConstItem.CONTRACT_END_DATE) && !"".equals(node.
get(ConstItem.CONTRACT_END_DATE).asText())) {
                    // 終了日時を Date 型に変更
                    endDate = sdf.parse(node.get(ConstItem.CONTRACT_END_DATE).asText());
                }
            }
        } catch (ParseException e) {
            // 日付形式が不正の場合はエラー
            log.error("契約開始または終了日時が不正です。");
            return null;
        }
        if(startDate != null && endDate != null) {
            if(!endDate.after(startDate)) {

                // 終了日時が開始日時より過去の場合はエラー
                 log.error("契約終了日時：" + endDate + " が契約開始日時：" + startDate + "よ
り過去です。");
                return null;
            }
        }

        return node;
    }

    /**
     * 実行パラメータの項目チェックを行う。
     *
     * @param json JSON 形式の実行パラメータ
     * @return 実行パラメータの JsonNode オブジェクト
     *            データ形式に異常がある場合は NULL を返却。
     */
```

```
public JsonNode checkExecParam(String json) {
    // JSON 文字列の変換
    JsonNode node = null;
    try {
        ObjectMapper mapper = new ObjectMapper();
        node = mapper.readTree(json);
    } catch (IOException e) {
        log.error("JSON 文字列のパースに失敗 ");
        return null;
    }

    // 項目チェック
    if(!node.has("oid") || !node.has(ConstItem.CONTRACT_FUNC_ID)){
        log.error(" 実行パラメータが不正です。");
        return null;
    }

    return node;
}

/**
 * 指定されオブジェクト ID をもとにユーザー契約情報を取得し、
 * 契約内容のチェックを行う。
 *
 * @param oid オブジェクト ID
 * @return 有効なユーザー契約情報
 *         存在しないまたは有効でない場合は NULL を返却。
 */
public JsonNode checkExecAgree(String oid) {

    // ユーザー契約情報取得
    DBObject obj = blockService.findByOidinBlock(oid);
    if (obj == null) {
        obj = poolService.getDataByOidinPool(oid);
        if(obj == null) {
            log.error(" 指定されたユーザー契約情報は存在しません。");
            return null;
        }
    }

    // ユーザー契約情報のチェック
```

```
String contract = (String) obj.get(ConstItem.CONTRACT_TYPE);
if(!ConstType.CONTRACT_AGREE.equals(contract)) {
    // 契約タイプが "agree" でない場合はエラー
    log.error(" 指定されたデータはユーザー契約情報ではありません。");
    return null;
}

// 有効期限チェック
Date startDate = null;
Date endDate = null;
SimpleDateFormat sdf = new SimpleDateFormat("yyyy/MM/dd hh:mm:ss");
try {
    String start = (String)obj.get(ConstItem.CONTRACT_START_DATE);
    if(start != null && !"".equals(start)) {
        startDate = sdf.parse(start);
    }
    String end = (String)obj.get(ConstItem.CONTRACT_END_DATE);
    if(end != null && !"".equals(end)) {
        endDate = sdf.parse(end);
    }
} catch (ParseException e) {
    // 日付形式が不正の場合はエラー
    log.error(" 契約開始または終了日時が不正です。");
    return null;
}

Date now = new Date();
if(startDate != null && now.before(startDate)) {
    // 現在時刻が契約開始日時より前の場合はエラー
    log.error(" まだ契約が開始されていません。");
    return null;
}
if(endDate != null && now.after(endDate)) {
    // 現在時刻が契約終了日時より後の場合はエラー
    log.error(" 契約期間が終了しています。");
    return null;
}

JsonNode node = null;
try {
    ObjectMapper mapper = new ObjectMapper();
```

```
            node = mapper.readTree(obj.toString());
        } catch (IOException e) {
            log.error("予期せぬエラーが発生しました。");
            return null;
        }

        return node;
    }

    /**
     * 指定され契約番号に該当する契約定義情報を取得し、
     * 定義内容のチェックを行う。
     *
     * @param number 契約番号
     * @param funcid オペレーション ID
     * @return 契約定義情報
     *          情報が存在しない、または実行対象のオペレーションが存在しない場合は NULL を返却。
     */
    public JsonNode checkExecDefine(String number, String funcid) {

        // 契約定義情報の取得
        JsonNode define = getDefineForNumber(number);
        if(define == null) {
            log.error("契約番号：" + number + "に該当する契約定義情報が存在しません。");

            return null;
        }

        // 対象オペレーションの存在チェック
        JsonNode func = getFunctionForId(funcid, define);
        if(func == null) {
            log.error("オペレーション ID:" + funcid + "に該当するオペレーションは存在しません。");
            return null;
        }

        return define;
    }

    /**
     * 登録されているすべての契約定義情報を返却する。
     *
```

```
     * @return 契約定義リスト
     */
    public JsonNode getDefineList() {
        ArrayNode list = JsonNodeFactory.instance.arrayNode();
        ObjectMapper mapper = new ObjectMapper();

        try {
            // ブロックから検索
            List<DBObject> blockList = blockService
                        .getStringByKeyValue(ConstItem.CONTRACT_TYPE, ConstType.CONTRACT_
DEFINE);
            for(DBObject elem : blockList) {
                JsonNode json = mapper.readTree(elem.toString());
                list.add(json);
            }

            // プールから検索
            ObjectNode node = JsonNodeFactory.instance.objectNode();
            node.put(ConstItem.CONTRACT_TYPE, ConstType.CONTRACT_DEFINE);
             List<DBObject> poolList = poolService.getByKeyValue(ConstItem.CONTRACT_TYPE,
node);
            for(DBObject elem : poolList) {
                JsonNode json = mapper.readTree(elem.toString());
                list.add(json);
            }
        } catch (IOException e) {
            log.error("JSON 文字列のパースに失敗 ");
            return null;
        }

        return list;
    }

    /**
     * 指定された契約番号に該当する契約定義情報を返却する。
     *
     * @param number 契約番号
     * @return 契約定義情報
     */
    public JsonNode getDefineForNumber(String number) {
        if(number == null) {
```

```
            return null;
        }

        JsonNode define = null;
        try {
            // ブロックから検索
            List<DBObject> blockDataList = blockService.getStringByKeyValue(
                    ConstItem.CONTRACT_TYPE, ConstType.CONTRACT_DEFINE);
            for(DBObject elem : blockDataList) {
                if(number.equals(elem.get(ConstItem.CONTRACT_NUMBER))) {
                    ObjectMapper mapper = new ObjectMapper();
                    define = mapper.readTree(elem.toString());
                    break;
                }
            }

            // ブロックになければプールを検索
            if(define == null) {
                ObjectNode node = JsonNodeFactory.instance.objectNode();
                node.put(ConstItem.CONTRACT_TYPE, ConstType.CONTRACT_DEFINE);
                  List<DBObject> poolList = poolService.getByKeyValue(ConstItem.CONTRACT_
TYPE, node);
                for(DBObject elem : poolList) {
                    if(number.equals(elem.get(ConstItem.CONTRACT_NUMBER))) {
                        ObjectMapper mapper = new ObjectMapper();

                        define = mapper.readTree(elem.toString());
                        break;
                    }
                }
            }
        } catch (IOException e) {
            log.error("JSON 文字列のパースに失敗 ");
        }

        return define;
    }

    /**
     * 指定されたユーザー ID、契約番号に該当する、ユーザー契約一覧を返却する。
     * ただし、ユーザー ID/ 契約番号が null または空文字の場合は、その項目を検索キーから除外する。
```

```
     *
     * @param user ユーザー ID
     * @param number 契約番号
     * @return ユーザー契約一覧
     */
    public JsonNode getAgreeList(String user, String number) {
        ArrayNode list = JsonNodeFactory.instance.arrayNode();
        ObjectMapper mapper = new ObjectMapper();

        try {
            // ブロックから検索
            List<DBObject> blockList = blockService
                    .getStringByKeyValue(ConstItem.CONTRACT_TYPE, ConstType.CONTRACT_
AGREE);
            for(DBObject elem : blockList) {
                if(user != null && !"".equals(user)) {
                    // ユーザー ID の一致チェック
                    if(!user.equals(elem.get(ConstItem.CONTRACT_USER))){
                        continue;
                    }
                }
                if(number != null && !"".equals(number)) {
                    // 契約番号の一致チェック
                    if(!number.equals(elem.get(ConstItem.CONTRACT_NUMBER))){
                        continue;
                    }
                }
                JsonNode json = mapper.readTree(elem.toString());
                list.add(json);
            }

            // プールから検索
            ObjectNode node = JsonNodeFactory.instance.objectNode();
            node.put(ConstItem.CONTRACT_TYPE, ConstType.CONTRACT_AGREE);
             List<DBObject> poolList = poolService.getByKeyValue(ConstItem.CONTRACT_TYPE,
node);
            for(DBObject elem : poolList) {
                if(user != null && !"".equals(user)) {
                    // ユーザー ID の一致チェック
                    if(!user.equals(elem.get(ConstItem.CONTRACT_USER))){
                        continue;
```

```
                }
            }
            if(number != null && !"".equals(number)) {
                // 契約番号の一致チェック
                if(!number.equals(elem.get(ConstItem.CONTRACT_NUMBER))){
                    continue;
                }
            }
            JsonNode json = mapper.readTree(elem.toString());
            list.add(json);
        }
    } catch (IOException e) {
        log.error("JSON 文字列のパースに失敗");
        return null;
    }

    return list;
}

/**
 * 指定された oid に該当するユーザー契約情報を返却する。
 *
 * @param oid オブジェクト ID
 * @return ユーザー契約情報
 */
public JsonNode getAgreeForOid(String oid) {
    // ブロックから検索
    DBObject data = blockService.findByOidinBlock(oid);
    if (data == null) {
        // ブロックにない場合はプールを検索
        data = poolService.getDataByOidinPool(oid);
    }

    // JsonNode オブジェクトに変換
    JsonNode node = JsonNodeFactory.instance.objectNode();
     if(data != null && ConstType.CONTRACT_AGREE.equals(data.get(ConstItem.CONTRACT_
TYPE))) {
        try {
            ObjectMapper mapper = new ObjectMapper();
            node = mapper.readTree(data.toString());
        } catch (IOException e) {
```

```
                log.error("JSON 文字列のパースに失敗 ");
                return null;
            }
        }

        return node;
    }

    /**
     * 指定された契約のオペレーションを実行する。
     *
     * @param execParam 実行パラメータ
     * @param define 契約定義情報
     * @param agree ユーザー契約情報
     * @return レスポンス
     */
    public String execContract(JsonNode execParam, JsonNode define, JsonNode agree) {
        // 実行結果格納
        ObjectNode execLog = JsonNodeFactory.instance.objectNode();
        execLog.put(ConstItem.DATA_TYPE, ConstType.NEW);
        execLog.put(ConstItem.CONTRACT_TYPE, ConstType.CONTRACT_RESULT);
            execLog.put(ConstItem.CONTRACT_USER, agree.get(ConstItem.CONTRACT_USER).
asText());
            execLog.put(ConstItem.CONTRACT_NUMBER, define.get(ConstItem.CONTRACT_NUMBER).
asText());
            execLog.put(ConstItem.CONTRACT_NAME, define.get(ConstItem.CONTRACT_NAME).
asText());
          execLog.put(ConstItem.CONTRACT_AGREE_ID, agree.get(ConstItem.CONTRACT_AGREE_ID).
asText());
            execLog.put(ConstItem.CONTRACT_AGREE_NAME, agree.get(ConstItem.CONTRACT_AGREE_
NAME).asText());
        execLog.put(ConstItem.CONTRACT_EXEC_DATE, common.getCurrentTime());

        // 対象オペレーションの URL 取得
        String funcUrl = null;
        String funcid = execParam.get(ConstItem.CONTRACT_FUNC_ID).asText();
        JsonNode func = getFunctionForId(funcid, define);
        if(func == null) {
            // 該当するオペレーションが存在しない
              String errMsg = " オペレーション ID：" + funcid + " に該当するオペレーションが存在し
ません。";
```

```
            execLog.put(ConstItem.CONTRACT_EXEC_RESULT, "NG");
            execLog.put(ConstItem.CONTRACT_EXEC_MSG, errMsg);
            log.error(errMsg);
            return createResponse("NG", errMsg, null);
        }
        funcUrl = func.get(ConstItem.CONTRACT_FUNC_URL).asText();
        execLog.put(ConstItem.CONTRACT_FUNC_ID, funcid);
        execLog.put(ConstItem.CONTRACT_FUNC_NAME, func.get(ConstItem.CONTRACT_FUNC_NAME).
asText());
        execLog.put(ConstItem.CONTRACT_FUNC_URL, func.get(ConstItem.CONTRACT_FUNC_URL).
asText());

        // 送信データの作成
        ObjectNode param = JsonNodeFactory.instance.objectNode();
        param.setAll((ObjectNode)agree);
        param.setAll((ObjectNode)execParam);
        String postData = param.toString();

        // 実行
        HttpURLConnection con = null;
        String result = null;
        try {
            URL url = new URL(funcUrl);

            // コネクションの生成
            con = (HttpURLConnection) url.openConnection();
            con.setDoOutput(true);
            con.setRequestMethod("POST");
            con.setRequestProperty("Accept-Language", "jp");
            con.setRequestProperty("Content-Type", "application/JSON; charset=utf-8");
            con.setRequestProperty("Content-Length", String.valueOf(postData.length()));
            // ユーザ認証情報の設定
            HttpAuthenticator httpAuth = new HttpAuthenticator("RaBlock", "xx7URRS6LwxF");
            Authenticator.setDefault(httpAuth);

            // データ送信
            OutputStreamWriter out = new OutputStreamWriter(con.getOutputStream());
            out.write(postData);
            out.flush();
            con.connect();
```

```
            int httpStatus = con.getResponseCode();
            if (httpStatus == HttpURLConnection.HTTP_OK) {
                // 通信に成功した場合、レスポンスデータを取得
                final InputStream in = con.getInputStream();
                String encoding = con.getContentEncoding();
                if (null == encoding) {
                    encoding = "UTF-8";
                }
                final InputStreamReader inReader = new InputStreamReader(in, encoding);
                final BufferedReader bufReader = new BufferedReader(inReader);
                String line = null;
                StringBuffer res = new StringBuffer();
                while ((line = bufReader.readLine()) != null) {
                    res.append(line);
                }
                bufReader.close();
                inReader.close();
                in.close();

                ObjectMapper mapper = new ObjectMapper();
                JsonNode resJson = mapper.readTree(res.toString());
                JsonNode info = null;
                if(resJson.has("info")) {
                    info = resJson.get("info");
                    execLog.set(ConstItem.CONTRACT_EXEC_INFO, info);
                }
                    result = createResponse(resJson.get("status").asText(), resJson.
get("message").asText(), info);

                    execLog.put(ConstItem.CONTRACT_EXEC_RESULT, resJson.get("status").
asText());
                    execLog.put(ConstItem.CONTRACT_EXEC_MSG, resJson.get("message").
asText());
            } else {
                // 通信が失敗した場合
                String errMsg = "通信が失敗しました。HTTP ステータスコード：" + httpStatus;
                execLog.put(ConstItem.CONTRACT_EXEC_RESULT, "NG");
                execLog.put(ConstItem.CONTRACT_EXEC_MSG, errMsg);
                log.error(errMsg);
                result = createResponse("NG", errMsg, null);
            }
```

```
        } catch (Exception e) {
            String errMsg = "通信中に予期せぬエラーが発生しました。";
            execLog.put(ConstItem.CONTRACT_EXEC_RESULT, "NG");
            execLog.put(ConstItem.CONTRACT_EXEC_MSG, errMsg);
            log.error(errMsg);
            result = createResponse("NG", errMsg, null);
        } finally {
            if (con != null) {
                // コネクションを切断
                con.disconnect();
            }

            // 実行結果のデータ登録
            if("ON".equals(config.getCryptoStatus())) {
                // TODO: データの暗号化処理
            }
            JSONObject res = new JSONObject(execLog.toString());
            DBObject pool = poolService.setPool(res, common.getCurrentTime());
            if (pool == null) {
                String errMsg = "実行結果の登録に失敗しました。";
                log.error(errMsg);
                result = createResponse("NG", errMsg, null);
            }
        }

        return result;
    }

    /**
     * 指定されたユーザーID、契約番号に該当する、実行結果一覧を返却する。
     * ただし、ユーザーID/契約番号がnullまたは空文字の場合は、その項目を検索キーから除外する。
     *
     * @param user ユーザーID
     * @param number 契約番号
     * @return 実行結果一覧
     */
    public JsonNode getResultList(String user, String number) {
        ArrayNode list = JsonNodeFactory.instance.arrayNode();
        ObjectMapper mapper = new ObjectMapper();

        try {
```

```
        // ブロックから検索
        List<DBObject> blockList = blockService
                .getStringByKeyValue(ConstItem.CONTRACT_TYPE, ConstType.CONTRACT_
RESULT);
        for(DBObject elem : blockList) {
            if(user != null && !"".equals(user)) {
                // ユーザーIDの一致チェック
                if(!user.equals(elem.get(ConstItem.CONTRACT_USER))){
                    continue;
                }
            }
            if(number != null && !"".equals(number)) {
                // 契約番号の一致チェック
                if(!number.equals(elem.get(ConstItem.CONTRACT_NUMBER))){
                    continue;
                }
            }
            JsonNode json = mapper.readTree(elem.toString());
            list.add(json);
        }

        // プールから検索
        ObjectNode node = JsonNodeFactory.instance.objectNode();
        node.put(ConstItem.CONTRACT_TYPE, ConstType.CONTRACT_RESULT);
         List<DBObject> poolList = poolService.getByKeyValue(ConstItem.CONTRACT_TYPE,
node);
        for(DBObject elem : poolList) {
            if(user != null && !"".equals(user)) {
                // ユーザーIDの一致チェック
                if(!user.equals(elem.get(ConstItem.CONTRACT_USER))){
                    continue;
                }
            }
            if(number != null && !"".equals(number)) {
                // 契約番号の一致チェック
                if(!number.equals(elem.get(ConstItem.CONTRACT_NUMBER))){
                    continue;
                }
            }
            JsonNode json = mapper.readTree(elem.toString());
            list.add(json);
```

```
            }
        } catch (IOException e) {
            log.error("JSON 文字列のパースに失敗 ");
            return null;
        }

        return list;
    }

    /**
     * 指定された oid に該当する実行結果情報を返却する。
     *
     * @param oid オブジェクト ID
     * @return 実行結果情報
     */
    public JsonNode getResultForOid(String oid) {

        // ブロックから検索
        DBObject data = blockService.findByOidinBlock(oid);
        if (data == null) {
            // ブロックにない場合はプールを検索
            data = poolService.getDataByOidinPool(oid);
        }

        // JsonNode オブジェクトに変換
        JsonNode node = JsonNodeFactory.instance.objectNode();
         if(data != null && ConstType.CONTRACT_RESULT.equals(data.get(ConstItem.CONTRACT_
TYPE))) {
            try {
                ObjectMapper mapper = new ObjectMapper();
                node = mapper.readTree(data.toString());
            } catch (IOException e) {
                log.error("JSON 文字列のパースに失敗 ");
                return null;
            }
        }

        return node;
    }

    /**
```

```
 * 返却するレスポンス (JSON 形式 ) を生成する。
 *
 * @param status 処理結果 (OK/NG)
 * @param message メッセージ
 * @param info 付加情報
 * @return レスポンス文字列 (JSON 形式)
 */
public String createResponse(String status, String message, JsonNode info) {

    ObjectNode response = JsonNodeFactory.instance.objectNode();
    response.put("status", status);
    if(message != null && !"".equals(message)) {
        response.put("message", message);
    }
    if(info != null) {
        response.set("info", info);
    }

    return response.toString();
}

/**
 * JSON 文字列から指定されたキーに該当する値を取得する。
 *
 * @param json JSON 文字列
 * @return キーに該当する値
 *          項目が存在しない、NULL または空文字の場合は NULL を返却。
 */
public String getValueFromJson(String json, String key) {
    if(json == null || "".equals(json)) {
        return null;
    }

    String value = null;
    try {
        // 変換
        ObjectMapper mapper = new ObjectMapper();
        JsonNode node = mapper.readTree(json);

        // 項目存在チェック
        if(node.has(key) && !node.get(key).isNull()
```

```
                    && !"".equals(node.get(key).asText())) {
                value = node.get(key).asText();
            }
        } catch (IOException e)
            log.error("JSONへの変換に失敗しました。");
        }

        return value;
    }

    /**
     * 契約定義情報をもとに、指定されたオペレーションIDに該当するオペレーション情報を返却する。
     *
     * @param funcid オペレーションID
     * @param define 契約定義情報
     * @return オペレーション情報
     *          存在しない場合はNULLを返却する。
     */
    private JsonNode getFunctionForId(String funcid, JsonNode define) {

        JsonNode func = null;
        JsonNode functions = define.get(ConstItem.CONTRACT_FUNC);
        for (int i = 0; i < functions.size(); i++) {
            JsonNode elem = functions.get(i);
            String id = elem.get(ConstItem.CONTRACT_FUNC_ID).asText();
            if(funcid.equals(id)) {
                func = elem;
                break;
            }
        }

        return func;
    }
}
```

本節ではスマートコントラクトのRablockでの実装を解説しました。

このように、スマートコントラクトの機能は、ブロックチェーンエンジンに組み込むことができます。また、このスマートコントラクトの実装を参考に、独自のスマートコントラクトを作ることも可能です。RablockのSpring Bootでの実装は、オープンソースになっているので、読者のみなさんが自分で拡張することもできます。自動契約のロジックを自分で作成して、ブロックチェーンエンジンと共にシステム構築することで、ビジネスにすぐに使えるシステムを用意できます。

最後に、スマートコントラクトの実装を行っていただいたグラビティ社にお礼を申し上げます。

Chapter 3 ビジネスブロックチェーンの実際

ここでは、ビジネスブロックチェーンを実際に動かして体験していきます。ビジネスに使えるブロックチェーン実装には様々なものがありますが、本書ではビジネスブロックチェーン専門で、入門者に比較的理解しやすい Rablock と、Amazon Web Service で使えるブロックチェーンサービスである Amazon Managed Blockchain について取り上げます。

Chapter 3-1

ビジネスブロックチェーンの実際1: Rablock

3-1-1 概要

Rablock は、日本のラブロック社が開発しているビジネスブロックチェーンエンジンです。他のブロックチェーン実装と大きく異なる点として、初めからビジネスユースのみをターゲットとして開発されていることが挙げられます。仮想通貨を実現するための機能がなく癖が少ないため、ビジネスブロックチェーン入門者にとって比較的理解しやすいと言えます。

2021 年春現在、バージョン 2 系の開発が進められており、システム運用に用いる標準版と、アプリケーション開発中に使う開発者版の 2 種類が存在します。標準版を手に入れるには、原則として法人パートナー契約が必要となっていますが、開発者版については同社ウェブサイトよりダウンロードが可能です。

なお、別にオープンソースのコミュニティ版がリリースされていますが、まだドキュメントが整っていないため、本書では標準版・開発者版を取り上げます。

ラブロック社Webサイト
https://www.rablock.co.jp

3-1-2 システムアーキテクチャー

ブロックチェーンは分散処理システムの一種であり、データの耐障害性を高めるために同様のコピーを分散して保存するように設計されています。Rablockでは、動作するにあたって同等の機能を持ったノードが3ノード以上必要になります。ノード数が多ければ多いほど耐障害性の高いシステムとなりますが、パフォーマンスが低下することになります。

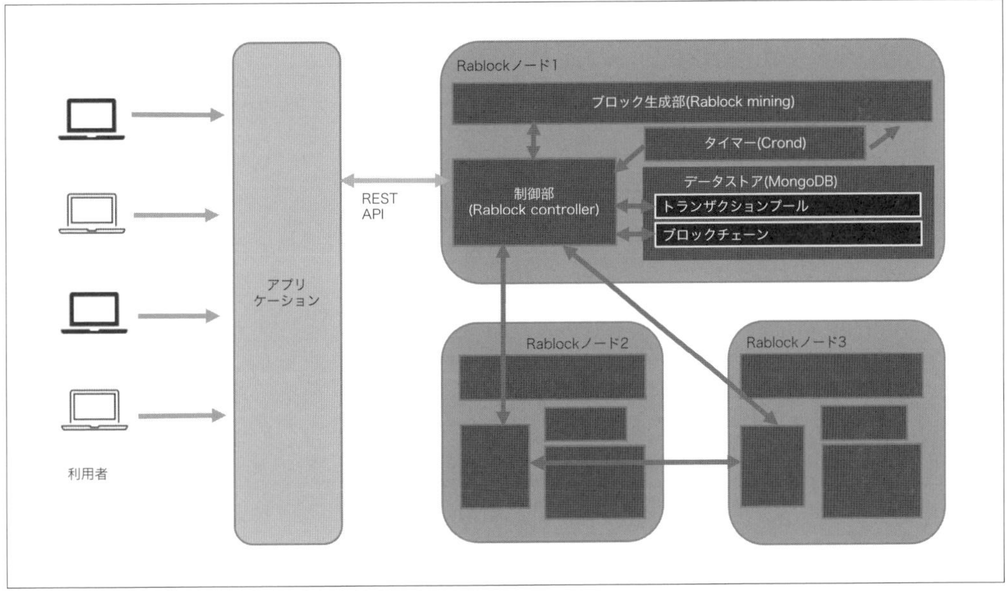

アーキテクチャー図

サービス

Rablockの1ノードは、次の4つのサービスから構成されています。

1. **制御部 (Rablock Controller)**
2. **ブロック生成部 (Rablock Mining)**
3. **データストア (MongoDB)**
4. **タイマー (Crond)**

制御部(Rablock Controller)

心臓部、メインプログラムにあたるのがRablock Controller(以下Controller)です。

ブロック生成部(Rablock Mining)

ブロックチェーンに特有のマイニングを行うのがRablock Mining(以下Mining)です。Rablockの場合のMiningプロセスは、Controllerから渡されたデータ群をもとに、ブロックチェーンに書き込むブロックの構築を行う役割を担います。

データストア(MongoDB)

ブロックチェーン構造に組み上げたデータを保存するデータストアとして、RablockはMongoDBを使用しています。データストアの種類として、Rablockはトランザクションプール(以下pool)とブロックチェーン(以下block)の2段構造になっており、MongoDBのcollectionとしてpoolとblockを別々に持っています。

タイマー(Crond)

ノード間のデータのやり取りをしたり、データのマイニングをしたりするイベントは、Crondにより定期的にキックされます。

データを保存する仕組み

Rablockがデータをブロックチェーン構造に保存していく仕組みについては、比較的単純ですので、ここでその仕組みを紹介します。

Rablockのいずれかのノードの Controller 宛てに送信されたデータは、受信した Controller により、そのノードの MongoDB の pool に順次格納されていきます。

pool にそのノードだけで所持しているデータがある状態で、Crond により Controller の /deliver/deliverypool API がキックされると、他のノードに未送信のデータを送信します。Crond による API のキックはノード毎に行われるため、各ノードがバラバラにデータを受信した場合であっても、全ノードで **deliverypool API** が実行された後には、全てのノードの MongoDB の pool の状態が原則同じになります（継続的にデータを受信している場合は、ノード間の pool の中身に若干の差異が生じる可能性がありますが、同期済みのデータだけが次のステップで使われ、同期されていないデータは次回の deliverypool 実行時に同期されます）。

pool に同期済みのデータがある状態で、Crond により Mining の /mining API がキックされると、Mining は Controller に問い合わせて pool の同期済みデータを取得し、複数のデータを格納するひとまとまりの**塊（ブロック）**を作成します。ブロックの作成時には、現在保存されている最後のブロックのハッシュ値を取得し、ブロックに含めた上で、自身のハッシュ値も計算して付加します。ブロックができあがったら MongoDB の block collection に保存し、一方で pool collection から今作成したブロックに含めたデータを削除します。

ここまでの Mining の動きは任意の 1 ノード内で行われていますが、ブロックが 1 つできあがるたびに、他のノードへブロックを転送します。受け取ったノードでは正常なブロックであることを確認した上で、自身の block に保存し、pool から今受信したブロックに含まれていたデータを削除します。

このようにして、各ノードの MongoDB の block にブロックチェーン構造で同じデータが蓄積していくことになります。

各ノードでデータが食い違ったら?

分散処理系であるブロックチェーンでは、各ノードで保持するデータが食い違う可能性があります。シナリオとしては以下の3つが考えられます。

同時にマイニングを実行(枝分かれの発生)

マイニングが別々のノードで同時に発生した場合、ブロックチェーンの現在の最後のブロックに同時に2つのブロックが接続されてしまい、チェーンの枝分かれが発生します。枝分かれが発生した場合は速やかに解消させる必要があります。

ノードの交換や増設

ノードが故障して新しいノードを立てた場合には、送信済みのpoolの中身と生成済みblockの中身のリカバリーが必要になります。ノードの増設を行う場合も同様に既存ノードからデータをコピーして来る必要があります。

ブロックの改ざん

システムに侵入されブロック内のデータを改ざんされた場合には、正しいデータを含むブロックにリカバリーする必要があります。

Rablockには、これらの異常状態を解決する /sync/poolsync および /sync/blocksync APIがあります。枝分かれの発生については、どちらか一方のブロックを分解し、いずれのブロックにも含まれなくなったデータについてはpoolまで差し戻す処理を行います。ノードの故障およびブロックの改ざんについては、多数派のデータを正としてデータを複製もしくは上書きします。Rablockにおける分散処理の必要性は、主に後者のケースにおいて正しいデータを保持し続けるためにあると言えます。

ソフトウェアの特徴

Rablockのソフトウェアとしての特徴は、次の3つが挙げられます。これには、ブロックチェーンソフトウェアとして珍しいものも含まれています。

1. **マイクロサービス**
2. **REST インターフェース**
3. **ビジネスブロックチェーン専用**

マイクロサービス

Rablockは、これまで見てきたように、Controller/Mining/MongoDB/Crondの4つのソフトウェアに機能ごとにプログラムが分割されています。これらは相互に通信を行いながらRablockソフトウェアとして動作する、マイクロサービス構造となっています。多くのブロックチェーンソフトウェアがモノリシック構造をしているのと対照的です。
なお、Rablockソフトウェアとして独自に開発しているのはControllerとMiningのみで、MongoDBとCrondは既存のソフトウェアを用いています。基本的にController以外の各サービスは同等品と交換が可能であり、Miningサービスを独自のアルゴリズム実装と置き換えたり、Crondの代わりに粒度の高い実行が可能な常駐プログラムを利用してデータの一貫性を高めたりすることが可能です。

RESTインターフェース

Rablockは、内部にtomcatを内包しており、そのAPIはRESTfulになっています。即ち、外部のアプリケーションからはWebサーバーにアクセスするようにURLの形式でRablockをコールし、レスポンスを得るようになっています。
アプリケーションから容易に扱えるほか、curlなどhttpアクセスが可能なコマンドでユーザーが対話的に命令を送ることもできるため、APIともUIとも呼ばれます。

API/UI一覧

カテゴリ	API/UI名	メソッド	説明
ブロック生成	/mining	POST	新規ブロックを生成する
データ取得	/get/json	GET	任意の項目と値(JSON)でデータ取得 (更新・削除対象のデータは除く)
	/get/searchoid/{$oid}	GET	指定されたオブジェクトID($oid)のトランザクションデータを取得
	/get/alltxdata	GET	全ての種類のデータを全て取得
	/get/block	GET	blockにあるデータを全て取得
	/get/pool	GET	poolにあるデータを全て取得
	/get/lastblock	GET	最後のブロックのヘッダー情報を取得
	/get/deliveredpool	GET	poolにある伝搬済みのデータを全て取得
	/get/totalnumber	GET	blockにあるデータ件数の合計を取得
	/get/history/{$oid}	GET	指定されたオブジェクトID($oid)のトランザクションデータを削除したもの/更新したものを含め取得
データ登録	/post/json	POST	テキストデータを登録する
伝搬	/delivery/deliverypool	POST	poolにある伝搬されていないデータを伝搬する
他ノード連携	/sync/gen	POST	ジェネシスブロックを生成し、各ノードに伝搬する
	/sync/poolsync	POST	poolにある伝搬済みデータの同期処理をする
	/sync/blocksync	POST	blockにあるデータの同期処理をする

ビジネスブロックチェーン専用

ここまで見てきた通り、Rablockはブロックチェーン技術を応用してデータを安全に保存することに特化したソフトウェアです。旧来のブロックチェーンはその他にも本人認証機能とトランザクションを処理するためのプログラム実行機能が密に結合したソフトウェアになっていますが、これは仮想通貨を扱う際には有用であるものの、ビジネスシステムを設計する際には別々のソフトウェアで実現されていたほうが分かりやすいこともあります。

そのため、多くのビジネスブロックチェーンソフトウェアでは、これら3つ全ては内包せず、ソリューションに必要な機能だけを実装しています。Rablockにおいては、本人認証機能は現在実装されておらず、プログラム実行機能については外部プログラムを呼び出す機能だけが実装されています。

コラム

ビジネスブロックチェーンを支える技術 – データストア

ブロックチェーンのデータストア（データを保存する場所）を司るソフトウェアは、NoSQLデータベースを使うのが一般的です。以下のようなソフトウェアが用いられています。

LevelDB

各種ソフトウェアに組み込んで使えるほどの小さなフットプリントのKey-Value型のデータストアライブラリです。多段キャッシュ構造が特徴で、その高速性が魅力となっています。SST(String Sorted Table)と呼ばれる単位でデータを保存しています。EthereumやHyperledger Fabricなどでデータストアとして使用されています。

MongoDB

Key-Value型では対応の難しい、大きなサイズのデータや複雑なデータを扱いたい場合には、ドキュメント指向データベースを用います。最も有名なドキュメント指向データベースがMongoDBです。MongoDBは、JavaScriptライクなクエリエンジンを持つなど、RDBMSの特徴をいくつか取り入れており、RDBMSに慣れた人やRDBMSと併用したい場合に適しています。
ただし、MongoDBはクラウドサービスで第三者に提供する際にはオープンソースとして取り扱うことができないという制限があるため、大手クラウドサービス業者の一部はMongoDB互換のデータベースを独自に開発して顧客に提供しています。Amazon Web ServicesのAmazon DocumentDB、Microsoft AzureのCosmos DBなどがそうです。一方でGoogle Cloud Platformのように開発元と提携し、MongoDBそのものを扱えるようにした所もあります。

CouchDB

同じドキュメント指向データベースでも、より機能を絞りシンプルな印象を与えるのがCouchDBです。LevelDBで扱えないようなデータを扱うという目的に限って言えば充分であり、ライセンス上の癖も無いので、Hyperledger Fabricなどが対応しています。

3-1-3 セットアップ

ここでは、ダウンロードできる開発者版のセットアップ方法を説明します。開発者版は、アプリケーション開発者が利用するための環境であり、1台で動作する代わりにブロックチェーン特有の改ざん防止機能が利用できません(多数決モデルによるコンセンサスを実施できないため)。そのため実運用には使えないものとなりますが、体験であれば支障はありません。
Rablockは複数のソフトウェアから構成されているため、それぞれの連携に気を付ける必要があります。そのため専用のセットアップスクリプト、Rablock-setupが用意されています。これを用いてセットアップします。

インストール先の確保

Rablockのインストール先のハードウェアは旧来の物理マシンであっても、仮想マシンであっても、クラウドのIaaSであっても構いません。ただし、Rablock-setupスクリプトがRHEL系Linuxのバージョン7もしくは8を前提とした造りになっているため、OSとしては以下のいずれかを選択し、必要に応じてインストール作業を行ってください。

- RHELの7もしくは8
- CentOSの7もしくは8
- Oracle Linuxの7もしくは8
- Amazon Linuxの2
- その他のRHELクローンOSの7もしくは8相当

最小インストールオプション、もしくは基本(Basic)インストールオプション相当の環境から構築できます。
前述の通り、開発者版では1ノード(1台)用意すればOKです。Rablockを動かすだけであれば、空きメモリは0.5GB以上、空きストレージは4GB以上が確保できればOKですが、後述のデモアプリケーションを同じ環境で動かすために、空きメモリを最低1GB以上予め確保してください。

以下本文中の具体例では CentOS 8 環境に準じています。一部読みかえが必要な OS 環境もありますので注意してください。

ソフトウェアのインストール

システム時間帯の変更

最初にシステム時間帯を正しく設定してください。特にクラウド環境では必須です。

```
$ sudo timedatectl set-timezone Asia/Tokyo
```

AVA環境のインストール

Java 環境をインストールします。Java11 に対応しています。

```
$ sudo yum install -y java-11-openjdk-headless
```

MongoDBのインストール

MongoDB 4.2 の最新版公式バイナリをインストールします。最初にリポジトリファイルを作成します。

```
$ sudo vi /etc/yum.repos.d/mongodb-org-4.2.repo
```

mongodb-org-4.2.repo の内容は次のようにします。

```
[mongodb-org-4.2]
name=MongoDB Repository
baseurl=https://repo.mongodb.org/yum/redhat/8/mongodb-org/4.2/x86_64/
gpgcheck=1
enabled=1
gpgkey=https://www.mongodb.org/static/pgp/server-4.2.asc
```

※baseurlの redhat/8 の部分は7系ならば redhat/7 に、Amazon Linux 2であれば amazon/2 になります。

保存したらyumコマンドでインストールします。

```
$ sudo yum install -y mongodb-org
$ sudo systemctl start mongod
```

Rablockのインストール

Rablockの開発者版をWebサイトからダウンロードし、zipファイルを展開して中のrpmパッケージをインストールします。Rablock-setupがexpectを必要とするので、先にインストールします。

```
$ sudo yum install -y expect
$ unzip RablockDE-20200814.2.287.zip
$ cd RablockDE/rpms
$ sudo rpm -ivh Rablock-DE-controller-20200814.2.287-1.noarch.rpm Rablock-DE-mining-20200716.12.79-1.noarch.rpm Rablock-setup-DE-1.5.2-1.noarch.rpm Rablock-setup-common-1.5.2-1.noarch.rpm
$ cd ${HOME}
```

ソフトウェアのセットアップ

Rablockのセットアップ

Rablock-setupの設定ファイルを修正し、各種設定ファイルを生成しインストールします。

```
$ cp /usr/share/doc/Rablock-setup-DE-1.5.2/sample-setupfile-DE setupfile
$ vi setupfile
```

1箇所ファイルを修正します。先頭のS_GENDIRを **/ (ルート)** に修正します。

```
S_GENDIR=/
…
```

修正が終わったらコマンドを実行し設定ファイル群をインストールします。

```
$ sudo /opt/Rablock/bin/rablock-setup-DE --setupfile setupfile
$ sudo systemctl daemon-reload
```

設定ファイルの中には systemd 用の service ファイルが含まれているので、systemctl daemon-reload も実行します。

MongoDBのセットアップ

まず最初にアカウントを作成します。Rablock のセットアップ時に生成された MongoDB のアカウント生成スクリプトを実行します。

```
$ sudo mongo admin /opt/Rablock/etc/mongodb-admin.js
$ sudo mongo bcdb /opt/Rablock/etc/mongodb-bcdb.js
```

さらにアカウントを有効化するために /etc/mongod.conf を編集します。

```
$ sudo vi /etc/mongod.conf
```

security セクションを有効化し、authorization: enabled の記述を追記します。mongod.conf 設定ファイルは半角スペースの数と位置に敏感なため、正確に記述してください。

```
...
security:
  authorization: enabled
...
```

編集が終わったら mongod を再起動します。

```
$ sudo systemctl restart mongod
```

Rablockの起動

Rablockの起動

ここまでの設定が全て終わったらRablockを起動させます。

```
$ sudo systemctl start rablock-controller
$ sudo systemctl start rablock-mining
$ sudo systemctl enable rablock-controller
$ sudo systemctl enable rablock-mining
```

ジェネシスブロックの生成

最後に、最初のブロックであるジェネシスブロックを生成して終わりです。
まず、Rablockに接続するための情報を確認します。

```
$ cat /opt/Rablock/etc/rablock-controller.properties | grep digest
digest.username=rablock
digest.pass=fIkji9UcpoiIuehAlmVzLyWgqwddAKN3aPyvyfWlqin62M9sfWdhsA3fndWoo76u
```

上記例では、Rablockに接続するためのアカウントはrablock、パスワードはfIkji9UcpoiIuehAlmVzLyWgqwddAKN3aPyvyfWlqin62M9sfWdhsA3fndWoo76uに設定されています。
curlコマンドでジェネシスブロック生成のためのRablock APIを直接実行します。

```
$ curl -X POST --anyauth --user rablock:fIkji9UcpoiIuehAlmVzLyWgqwddAKN3aPyvyfWlq
in62M9sfWdhsA3fndWoo76u http://localhost:9000/sync/gen
```

OKが表示されたらRablockが正常に起動し利用できる状態になっています。

コラム

Rablockが使用するポートについて

Rablock APIは9000番および8000番ポートを使用して操作します。Rablockをインストールしたマシンの外からRablockと通信する場合には、この2つのポートを開く必要がありますので注意してください。次の項で紹介するブロックチェーンデモアプリケーションを動かすだけであれば、同じインスタンスにセットアップするため、この操作は不要となります。

ポートの開き方は、自分でインストールしたOSの場合はfirewall-cmd、クラウドサービスでOSテンプレートを選択した場合は、それぞれのクラウドサービスにより異なります。firewall-cmdの場合は次のようになります。

```
$ sudo firewall-cmd --add-port=9000/tcp
$ sudo firewall-cmd --add-port=9000/tcp --permanent
$ sudo firewall-cmd --add-port=8000/tcp
$ sudo firewall-cmd --add-port=8000/tcp --permanent
```

3-1-4 ブロックチェーンデモアプリケーションのセットアップ

これ以降の項では、ブロックチェーンを使ったデモアプリケーション、健康ポイントシステムを見ていきます。この項ではセットアップを行い、実際にデモアプリケーションを動かしてみましょう。

デモアプリケーションの動作には、Rablockがあらかじめ稼働している必要があります。前項の作業を先に済ませておいてください。前項でセットアップした環境で引き続き作業します。

デモアプリケーションの概要

セットアップに入る前に、デモアプリケーションの健康ポイントシステムについて簡単に説明しておきます。

健康ポイントシステムは、ブロックチェーンの安全なトークン交換という特徴を利用して作られたアプリケーションです。

運動するほどポイントがたまる健康ポイントは、楽しみながら無理なく健康づくりを始められる取り組みであり、これまで健康に関心のなかった人からも注目を集め始めています。

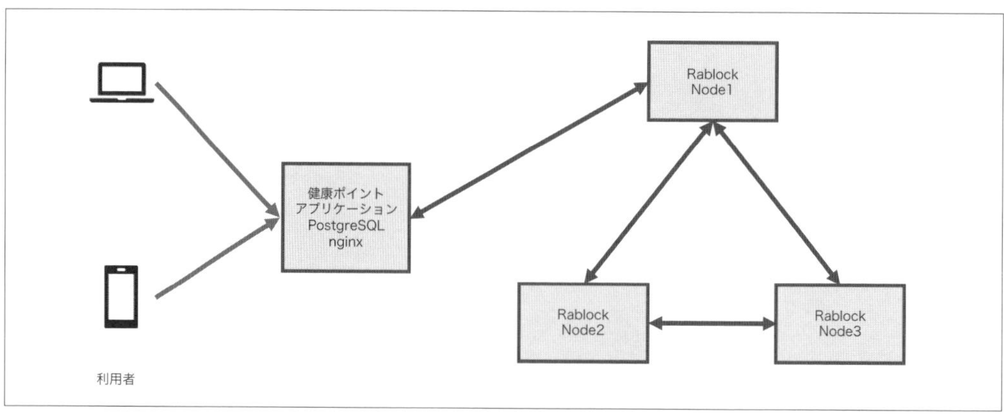

健康ポイントシステム構成図

デモアプリケーションのダウンロード

それでは、セットアップに入っていきます。まずはデモアプリケーションのダウンロードからです。

デモアプリケーションを、ラブロック社のWebサイトの技術情報（https://www.rablock.co.jp/tech）のページからダウンロードします。

PostgreSQLのセットアップ

デモアプリケーションはPostgreSQLを必要とするのでセットアップします。

PostgreSQLのインストール

ディストリビューションの標準リポジトリのバージョンをインストールします。

```
$ sudo yum install -y postgresql-jdbc postgresql-server
$ sudo postgresql-setup initdb
$ sudo systemctl start postgresql
$ sudo systemctl enable postgresql
```

管理者アカウント認証の有効化

セキュリティ強化のため認証の設定を行い有効化します。

PostgreSQLの管理者向けアカウントにパスワードが必要となるので、mkpasswdコマンドでパスワード文字列を生成します。

```
$ mkpasswd -l 64 -d 8 -s 0 -C 16
l0bdJtjoQicgTYziHGe138jurMorMrrGsu3aDExz5pf1zjSPvuUW5fsIapauhvit
```

生成した文字列を管理者アカウント（postgres）のパスワードとして設定します。

```
$ sudo su - postgres
$ psql -d postgres
```

pgsql コンソールで先に mkpasswd コマンドで作成した文字列を指定して SQL コマンドを実行します。
終わったら pgsql コンソールを \q で終了します。

```
> ALTER ROLE postgres WITH PASSWORD 'l0bdJtjoQicgTYziHGe138jurMorMrrGsu3aDExz5pf1
zjSPvuUW5fsIapauhvit';
> \q
```

sudo を exit で抜けます。

```
$ exit
```

引き続いて設定ファイルを変更します。

```
$ sudo vi /var/lib/pgsql/data/pg_hba.conf
```

設定ファイルの後の方にある認証の設定の METHOD の部分を md5 に変更します。

```
...
# TYPE  DATABASE        USER            ADDRESS                 METHOD
# "local" is for Unix domain socket connections only
local   all             all                                     md5
# IPv4 local connections:
host    all             all             127.0.0.1/32            md5
# IPv6 local connections:
host    all             all             ::1/128                 md5
...
```

保存したら設定を有効にするため postgresql を再起動します。

```
$ sudo systemctl restart postgresql
```

データベース操作用アカウントの作成

デモアプリケーションからデータベースを操作するときのアカウントを作成します。

最初に mkpasswd コマンドでパスワード文字列を生成しておきます。

```
$ mkpasswd -l 64 -d 8 -s 0 -C 16`
TwTXxebBza8nd2QLezAAcqFJzj3WJ6Pq4zoMrMi3ol7rcgu2zgjoYfuhhhmqdxea
```

続いて、アカウントを作成します。

```
$ sudo adduser healthpoint
$ sudo su - postgres
$ createuser healthpoint
パスワード： l0bdJtjoQicgTYziHGe138jurMorMrrGsu3aDExz5pf1zjSPvuUW5fsIapauhvit
```

アカウントに紐づくデータベースを作成します。

```
$ createdb -O healthpoint healthpoint
パスワード： l0bdJtjoQicgTYziHGe138jurMorMrrGsu3aDExz5pf1zjSPvuUW5fsIapauhvit
```

そのデータベースに psql で接続します。

```
$ psql -d healthpoint
パスワード： l0bdJtjoQicgTYziHGe138jurMorMrrGsu3aDExz5pf1zjSPvuUW5fsIapauhvit
```

psql コンソールで先ほど mkpasswd コマンドで生成した文字列を指定し SQL 文を実行します。終わったら psql を \q で終了します。

```
> ALTER ROLE healthpoint WITH PASSWORD 'TwTXxebBza8nd2QLezAAcqFJzj3WJ6Pq4zoMrMi3o
l7rcgu2zgjoYfuhhhmqdxea';
> \q
```

sudo を exit で抜けます。

```
$ exit
```

テーブルの作成

続いて、作成した healthpoint アカウントでデータベースにテーブルの作成を行います。

```
$ sudo su - healthpoint
$ psql -d healthpoint
パスワード: TwTXxebBza8nd2QLezAAcqFJzj3WJ6Pq4zoMrMi3ol7rcgu2zgjoYfuhhhmqdxea
```

psql コンソールへ入力してテーブルの作成を行います。

```
> CREATE TABLE user_info(
id SERIAL
, user_id VARCHAR(64) PRIMARY KEY
, password VARCHAR(128)
, role VARCHAR(32)
, enabled INT
);
```

```
> CREATE TABLE user_account(
id SERIAL
, user_id VARCHAR(64) PRIMARY KEY
, user_name VARCHAR(64)
, address VARCHAR(128)
, age INT
, gender VARCHAR(16)
);
```

```
> CREATE TABLE Facility(
id SERIAL
, facility_id VARCHAR(64) PRIMARY KEY
, facility_name VARCHAR(64)
, visit_point INT
);
```

```
> CREATE TABLE user_point_summary(
id SERIAL
, user_id VARCHAR(64)
, year INT
, month INT
, total INT
, lottery_flag INT
,PRIMARY KEY(user_id,year,month)
);
```

```
> CREATE TABLE walk_point(
id SERIAL
, steps_day INT PRIMARY KEY
, point INT
);
```

```
> INSERT INTO walk_point VALUES
(1,0,0)
, (2,2000,1)
, (3,3000,2)
, (4,5000,3)
, (5,6000,4)
, (6,8000,5)
, (7,10000,6)
;
```

終わったら psql を \q で終了します。

```
> \q
```

sudo を exit で抜けます。

```
$ exit
```

デモアプリケーションのセットアップ

PostgreSQL の設定が終わったので、デモアプリケーションの設定に移ります。

ファイルの配置

ダウンロードしていたアーカイブをホームディレクトリで unzip します。

```
$ unzip HealthPoint-demo_20190705.zip -d ${HOME}
$ cd ${HOME}/HealthPoint-demo_20190705/HealthPoint
```

プロパティファイルの設定変更

application.properties ファイルを開き、必要な設定 (4 箇所) を行います。

```
$ vi application.properties
```

```
blockchain_ip.value=127.0.0.1
blockchain_port.value=9000
server.port=8080

#login setting
login_user.value=(1. 管理者ユーザー名 )
login_password.value=(2. 管理者パスワード )

#auth setting
digest.username=rablock
digest.pass=(3.REST API 認証パスワード )

#DataSource settings for PostgreSQL
spring.datasource.driver-class-name=org.postgresql.Driver
spring.datasource.url=jdbc:postgresql://localhost:5432/healthpoint
spring.datasource.username=healthpoint
spring.datasource.password=(4.DB 操作アカウントパスワード )

#crypto.status=ON
#key.file=/home/ec2-user/public_key.der
crypto.status=OFF
key.file=null
```

1. 管理者ユーザー名

2. 管理者パスワード

デモアプリケーション内で使用する管理者のユーザー名とパスワードを任意に設定します。

3.REST API 認証パスワード

次のようにしてパスワードを取得し、その値を設定します。

```
$ cat /opt/Rablock/etc/rablock-controller.properties | grep digest.pass
digest.pass=fIkji9UcpoiIuehAlmVzLyWgqwddAKN3aPyvyfWlqin62M9sfWdhsA3fndWoo76u
```

4.DB 操作アカウントパスワード

先ほど設定した healthpoint アカウントのデータベースアクセス用パスワード(例では TwTXxebBza8nd2QLezAAcqFJzj3WJ6Pq4zoMrMi3ol7rcgu2zgjoYfuhhhmqdxea)を設定します。

起動スクリプトの設定

起動用スクリプトを開いて application.properties の位置、Rablock_Demo-0.0.1-SNAPSHOT.jar の位置、および healthpoint.log の位置を適切に書き換えます。<ユーザー名>には実際のユーザー名(ディレクトリ名)を入れてください。

```
$ vi run-healthpoint.sh
```

```
#!/bin/bash
/usr/bin/java -Dfile.encoding=UTF-8 -jar -Dspring.config.location="/home/<ユーザー名>/HealthPoint-demo_20190705/HealthPoint/application.properties" /home/<ユーザー名>/HealthPoint-demo_20190705/HealthPoint/Rablock_Demo-0.0.1-SNAPSHOT.jar > /home/<ユーザー名>/HealthPoint-demo_20190705/HealthPoint/healthpoint.log 2>&1
```

デモアプリケーションの起動

次のようにしてデモアプリケーションを起動させます。

```
$ nohup ${HOME}/HealthPoint-demo_20190705/HealthPoint/run-healthpoint.sh &
```

通信のHTTPS化

デモアプリケーションでは、QR コードの撮影を行うため HTTPS 通信が必須となります。ここでは NGINX と自己証明のサーバー証明書を使用して通信を HTTPS 化する最小限の方法を紹介します。

NGINXのインストール

NGINX をインストールします。インストールにあたっては、OS によって対応状況が異なります。CentOS 8 互換 OS および Amazon Linux2 においては OS 付属のパッケージが使用できます。CentOS 7 互換 OS においては、公式リポジトリなどを設定する必要があります。(公式 Web サイトの [download] ≫ [Pre-Built Packages] の項目を参照してください。)

```
$ sudo yum install -y nginx
```

NGINXの設定

https.conf を以下の内容で作成します。

```
$ sudo vi /etc/nginx/conf.d/https.conf
```

```
  server {
    listen    443 ssl;

    ssl_certificate /etc/nginx/ssl/server.crt;
    ssl_certificate_key /etc/nginx/ssl/server.key;

    ssl_session_cache shared:SSL:1m;
    ssl_session_timeout 5m;

    ssl_ciphers HIGH:!aNULL:!MD5;
    ssl_prefer_server_ciphers on;

    ssl_protocols TLSv1.2;

    location / {
        proxy_pass    http://127.0.0.1:8080;
        proxy_set_header Upgrade $http_upgrade;
        proxy_set_header Connection "upgrade";
     }
}
```

自己証明サーバー証明書の発行

秘密鍵を作成します。

```
$ openssl genrsa > server.key
```

公開鍵を作成します。

```
$ openssl req -new -key server.key > server.csr
```

質問に適宜答えていきます。

```
Country Name (2 letter code) [XX]:JP
State or Province Name (full name) []:< 都道府県名 >
Locality Name (eg, city) [Default City]:< 市町村名 >
Organization Name (eg, company) [Default Company Ltd]:< 会社名 >
Organizational Unit Name (eg, section) []:
Common Name (eg, your name or your server's hostname) []:<FQDN>
Email Address []:
Please enter the following 'extra' attributes
to be sent with your certificate request
A challenge password []:
An optional company name []:
```

サーバー証明書を作成します。

```
$ openssl x509 -req -signkey server.key < server.csr > server.crt
```

作成したサーバー証明書を https.conf で指定した場所に配置します。

```
$ sudo mkdir -p /etc/nginx/ssl
$ sudo mv server.key /etc/nginx/ssl/
$ sudo mv server.crt /etc/nginx/ssl/
```

※SELinuxがEnforceモードの場合、SELinuxの設定をPermissiveまたはDisableにする必要があります。

```
$ getenforce
Enforcing
$ sudo setenforce 0
$ sudo vi /etc/selinux/config
```

```
...
SELINUX=disabled
...
```

準備が整ったらNGINXを再起動します。

```
$ sudo systemctl restart nginx
```

デモアプリケーションへのアクセス

デモアプリケーションにアクセスするには、まずHTTPS通信に使う443番ポートを開きます。ポートの開き方は、自分でインストールしたOSの場合はfirewall-cmd、クラウドサービスでOSテンプレートを選択した場合は、それぞれのクラウドサービスにより異なります。firewall-cmdの場合は次のようになります。

```
$ sudo firewall-cmd --add-port=443/tcp
$ sudo firewall-cmd --add-port=443/tcp --permanent
```

ポートを開いたら以下のURLにアクセスします。

```
https://<デモアプリケーションを稼動させたIPアドレス>/login
```

自己証明書で第三者の認証を受けていないため、警告画面が表示されますので、例外設定をする必要があります。

例外設定が終わると、ログイン画面に遷移します。

デモ初期画面

さらに、[管理者ログイン]ボタンを押し管理者ログイン画面に遷移し、application.properties で設定した管理者用のユーザー名とパスワードでログインしてみましょう。ここから一般利用者を登録するなどしてデモアプリケーションを使い始めることができます。

3-1-5 ブロックチェーンアプリケーションを読み解く

この項では、前項でセットアップしたデモアプリケーションのソースコードから、ブロックチェーンアプリケーションの実際を見ていきます。また最後に実際にビルドを行い、既存のデモと入れ替える方法を説明します。

ソースコードはzipファイルを展開した時にできるsrcフォルダの中に格納されています。デモアプリケーションのソースコードの読み書きビルドは、**Spring Tool Suite(STS)**を用いる方法と、viやMavenなどのコマンドラインツールを用いる方法がありますが、本書では前者を紹介します。

Spring Tool Suiteのセットアップ

デモアプリケーションはJavaのSpring Bootフレームワークで作成されています。そのため最初にSpring Tool Suite(以下STS)のセットアップを行います。STS自体はマルチプラットフォームのアプリケーションですが、ここではWindowsでのセットアップ方法を説明します。

Javaのインストール

まずはJavaをインストールします。Java11のJDKを検索してダウンロードおよびインストールしてください。Oracle Java SE Development Kitの場合は https://www.oracle.com/java/technologies/javase-jdk11-downloads.html になります。

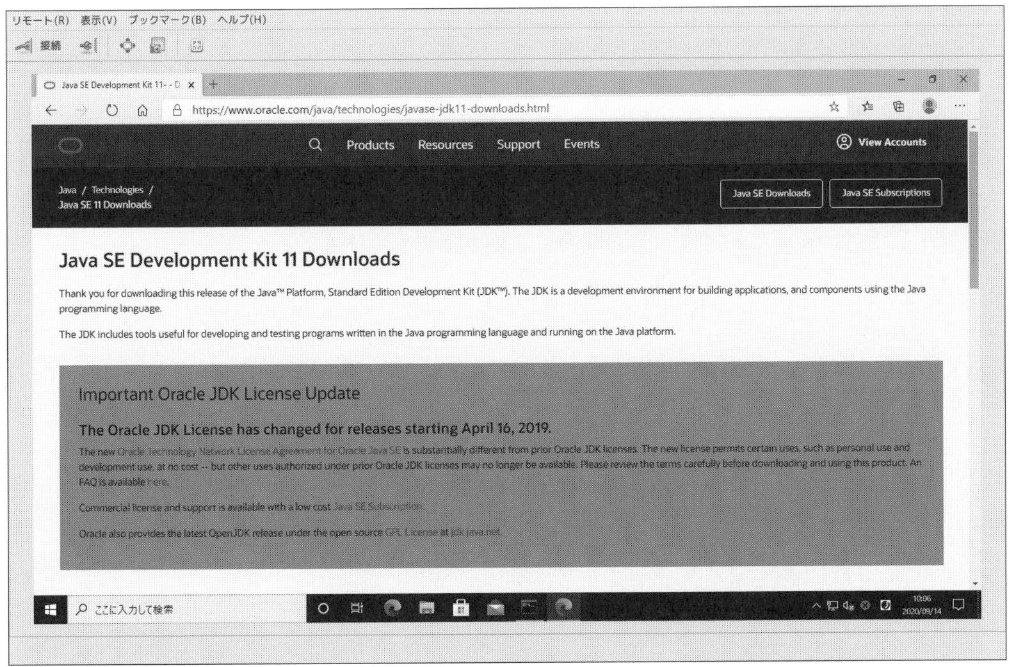

JDK11ダウンロードページ

STSのインストール

STS本体をインストールします。http://sprinng.io/tools より、Spring Tools 4 for EclipseのWindows版をダウンロードし展開します。

ダウンロードしたjarをダブルクリックなどで起動すると展開されます。特にセットアップ作業は不要です。

STSの日本語化

STSを日本語化することができます。https://mergedoc.osdn.jp より、Pleiadesプラグイン・ダウンロードのWindows版を選択しダウンロードします。

zipファイルを展開するとできる setup.exe を実行し、日本語化するアプリケーションとして、先ほど展開したSTSのSpringToolSuite4.exeを選択、[日本語化する]をクリックします。

SpringToolSuite4.iniの編集

インストールしたJDKを使用するようにSTSを設定します。SpringToolSuite4.iniファイルを右クリックし、編集を選択します。JavaVM設定の行を探します。

```
-vm
plugins/org.eclipse.justj.openjdk.hotspot.jre.full.win32.
x86_64_15.0.0.v20201014-1246/jre/bin
```

バージョン文字列はSTSのバージョンにより異なりますが、-vmの行とその次の行が該当します。これをインストールしたJDK11を使用するように修正します。

例えば、JDK11(バージョン11.0.9)の場合は次のようになります。

```
-vm
C:\Program Files\Java\jdk-11.0.9/bin
```

C:\Program Files\Javaを覗いて、実際にインストールされているパスを指定してください。

STSの起動

後はインストール時に作成されたフォルダ内のSpringToolSuite4.exeのダブルクリックでSTSが起動します。

ソースコードを眺める

STSを起動させたので、ソースコードを開いて眺めていきます。

ソースコードのインポート

STSをインストールしたマシンにデモアプリケーションのアーカイブをダウンロードし、展開したら、STSのメニューよりプロジェクトのインポートを行います。

[ファイル]≫[インポート]≫[Maven]≫[既存Mavenプロジェクト]を選択し、ルート・ディレクトリとしてsrcフォルダ(pom.xmlが置いてあるフォルダ)を選択します。プロジェクトが認識されると次のような画面になりますので、[完了]をクリックします。

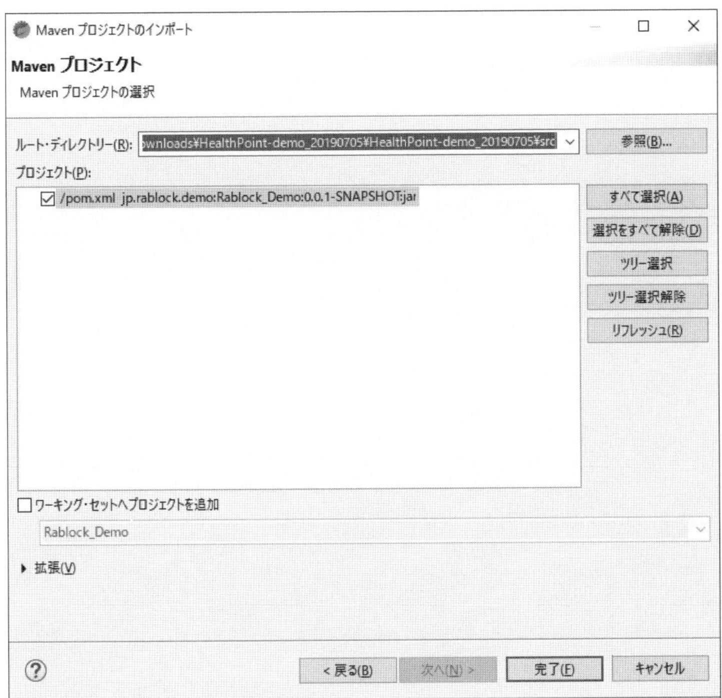

Mavenプロジェクトインポート

ソースコード全体像

パッケージ・エクスプローラーからソースコードの階層をたどることができます。
src/main/java の下にソースコードが格納されています。
初めにソースコードの全体像をざっと確認しておきます。

ディレクトリ名	説明
common	共通のクラス
constitem	定数関係
controller/*	コントローラー (処理の中心)
db/*	PostgreSQL接続
domain	ドメイン関係
prop	プロパティファイル
rablock	rablock接続
security	認証関係

ブロックチェーン接続用のコードはrablockフォルダ以下にまとめられていることがわかります。
rablock 以下には 3 つのファイルがあります。

- BC.java
- RablockProp.java
- SendBlockChain.java

おそらくこれらに書かれているクラスを、controller 以下から呼び出して使っているであろうと想像できます。

呼出側をたどる

controller 以下から呼び出している箇所を見てみるために、最初に rablock 以下の java ファイルをそれぞれクリックし、アウトラインペインを確認します。

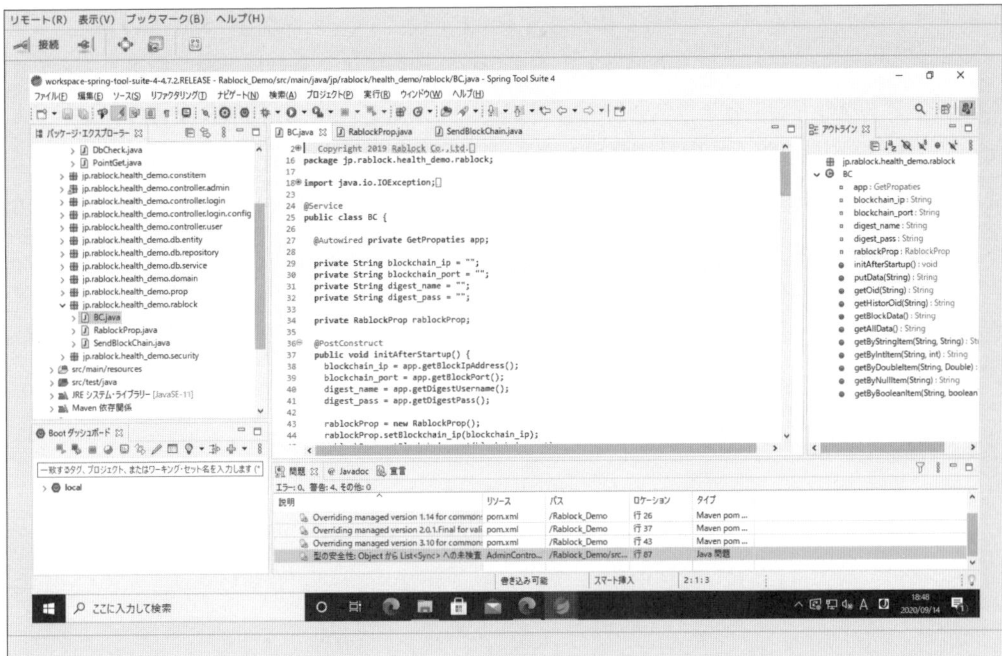

アウトラインペイン

アウトラインペインの情報によると、それぞれの java ファイルには、そのファイル名と同じ名前のクラスがそれぞれ 1 つずつ定義されていることがわかりました。

- BC.java → class BC
- RablockProp.java → class RablockProp
- SendBlockChain.java → class SendBlockChain

次に、これらのクラス名を検索してみます。するとどこで呼び出されているかわかります。[検索]≫[検索…]とメニューを選択し、含まれるテキストにクラス名を指定して検索します(大文字小文字の区別をするようにしたほうが良いでしょう)。結果、BCはかなりの量ヒットしますが、RablockPropとSendBlockChainはrablockフォルダ以下しかヒットしないことが分かります。つまり、BCクラスを呼び出している(rablockフォルダ以外の)箇所だけが、ブロックチェーンとやり取りしているというところまで絞り込めます。あとは、検索結果を表示しているウィンドウの[↓]をクリックしていくと、コードでヒットした箇所に順番にジャンプしていくので、BCクラスを実際に呼び出しているところを選り出してたどっていくことができます(GUIでポチポチボタンをクリックしてたどっていく場合、検索ヒット数はさほど気になる量ではありません)。

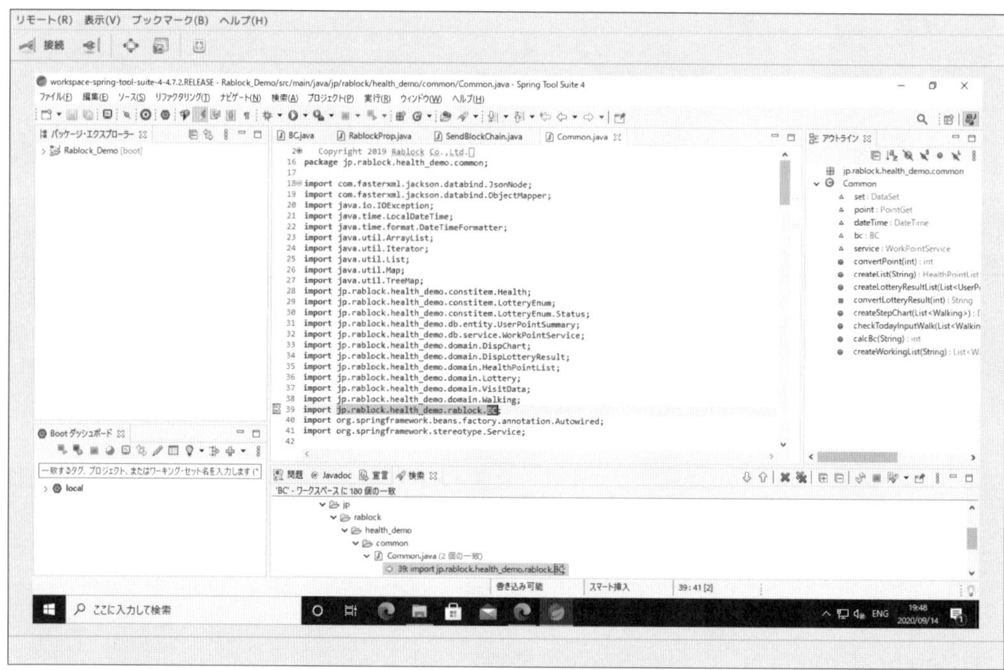

検索結果と実際の位置

それでは、いくつかの呼び出し例を見ていくことにしましょう。

呼び出し例1: AdminController.java

```
...
  @Autowired private BC bc;
...
  /**
   * ユーザー履歴を表示
   *
   * @param model
   * @return
   */
  @GetMapping(MappingURL.Get.USERHISTORY_USER_ID)
  public String getUserHistory(@PathVariable String user_id, Model model) throws
IOException {
    if (!db.conCheck()) {
      model.addAttribute(Constants.Display.ERROR_MESSAGE, Message.ERROR_CONNECT_
DB);
      return MappingURL.Return.ADMIN_ERROR;
    }

    // ブロックチェーンシステムからユーザーデータを取得
    String result = "";
    try {
      result = bc.getByStringItem(Health.USER_ID, user_id);
    } catch (IOException e) {
      model.addAttribute(Constants.Display.ERROR_MESSAGE, Message.ERROR_
BLOCKCAHIN);
      return MappingURL.Return.ADMIN_ERROR;
    }
    HealthPointList list = common.createList(result);
    UserAccount userAccount = userService.findByUserId(user_id);
    List<Facility> facilitys = facilityService.findAll();
    List<UserPointSummary> userList = summaryService.findByUserIdList(user_id);
    List<DispLotteryResult> lotteryResultList = common.createLotteryResultList(us
erList);

    model.addAttribute(Constants.Display.FACILITYS, facilitys);
    model.addAttribute(Constants.Display.USER_ACCOUNT, userAccount);
    model.addAttribute(Constants.Display.BLOCKS, list.getActionPointList());
    model.addAttribute(Health.WORKING_BLOCKS, list.getWalkingPointList());
    model.addAttribute(Health.LOTTERY_BLOCKS, list.getLotteryPointList());
    model.addAttribute(Health.LOTTERY_RESULT_LIST, lotteryResultList);

    return MappingURL.Return.ADMIN_USER_HISTORY;
  }
...
```

AdminController.java にある、getUserHistory() はユーザー履歴を得るためのメソッドです。model に対して属性を追加していく形で内容を詰め込んでいきますが、この時 Health.USER_ID が user_id のデータをブロックチェーンシステムから getByStringItem() メソッドで取得しています。ブロックチェーンのデータベースは Key-Value 型のデータストアを使うことが多く、API もこのような形で KVS に則した形になっています (Rablock で使っている MongoDB はより複雑なデータも扱えますが…)。

また、詰め込んでいく内容としてはブロックチェーンから取得したユーザーデータの他に、facility や userList データなどもあります。こちらは PostgreSQL から取得したものです。ブロックチェーンは I/O が遅いので、ユーザーエクスペリエンスの維持を考えた場合は、既存のデータベースをなんらかの形で併用していく必要があります。この実装では、ブロックチェーンで守るべきデータはブロックチェーンに保存し、それ以外のデータは既存のデータベースに保存するようにしていますが、他にもブロックチェーンに全てのデータをアプリケーションから書き込み、ブロックチェーンからさらに既存のデータベースに書き込んで、読み出しはデータベースから行う（データベースを読み出しキャッシュとして使う）方法もあります。

呼び出し例2: LotteryController.java

```
...
  @Autowired private BC bc;
...
  /** 抽選応募処理 */
  @PostMapping(MappingURL.Post.SEND_LOTTERY)
  public String sendlottery(
        @Valid @ModelAttribute Lottery data, BindingResult bindingResult, Model
model)
      throws IOException {
...
    // Rablock 登録
    data.setType(RablockType.NEW);
    data.setLottery_point(LOTTERY_POINT);
    data.setCategory(Health.LOTTERY);

    ObjectMapper mapper = new ObjectMapper();
    String json = mapper.writeValueAsString(data);

    String result = "";
    try {
      result = bc.putData(json);
    } catch (IOException e) {
        model.addAttribute(Constants.Display.MODAL_DISPLAY, Constants.Display.
MODAL_NG);
        model.addAttribute(Constants.Display.MODAL_MESSAGE, Message.ERROR_
```

```
BLOCKCAHIN);
        return MappingURL.Return.USER_LOTTERY;
    }

    if (result.equals("NG")) {
        model.addAttribute(Constants.Display.MODAL_DISPLAY, Constants.Display.
MODAL_NG);
        model.addAttribute(Constants.Display.MODAL_MESSAGE, Message.ERROR_
BLOCKCAHIN);
        return MappingURL.Return.USER_LOTTERY;
    }
...
    return MappingURL.Return.USER_LOTTERY;
  }
```

LotteryController.java にある sendlottery() は、くじ引きの応募処理を行うメソッドです。ここでは、ブロックチェーンへの書き込みを行っています。登録用のデータを作って、それをJSON 文字列に再構成してから、putData() メソッドでブロックチェーンに登録を試みています。以前説明したとおり、Rablock では JSON 形式でデータをやりとりします。データの登録失敗には2通りあり、一つは Java の IOException 例外、もう一つは Rablock から結果文字列として NG が返って来た場合です。IOException は、そもそもブロックチェーンに接続できなかった場合に発生します。接続できた場合は OK または NG が結果文字列として返ってきますので、それにより成否を判断します。Rablock ではエラーの詳細はログに吐かれていますが、新しい Rablock ではエラーコードが返るようになっているので、このコードよりさらに詳しいエラー内容を表示させることも可能です。

Rablock接続コード

ここまで見てきたように、Rablockとやり取りするメソッドはclass BCオブジェクトに割り付けられています。この節で、class BCより分け入ってさらに奥地を見ていくことにします。まずは、class BCです。

```
@Autowired private GetPropaties app;

private String blockchain_ip = "";
private String blockchain_port = "";
private String digest_name = "";
private String digest_pass = "";

private RablockProp rablockProp;

@PostConstruct
public void initAfterStartup() {
  blockchain_ip = app.getBlockIpAddress();
  blockchain_port = app.getBlockPort();
  digest_name = app.getDigestUsername();
  digest_pass = app.getDigestPass();

  rablockProp = new RablockProp();
  rablockProp.setBlockchain_ip(blockchain_ip);
  rablockProp.setBlockchain_port(blockchain_port);
  rablockProp.setDigest_name(digest_name);
  rablockProp.setDigest_pass(digest_pass);
}
```

最初に行っているのはクラスが初めて呼び出された時の初期化です。4つの設定値をセットします。

1. **blockchain_ip: Rablockが動いているIPアドレス**
2. **blockchain_port: 同ポート番号**
3. **digest_name: ダイジェスト認証で用いるユーザー名**
4. **digest_pass: 同パスワード**

これらを取得している GetPropaties クラスおよびセットしている RablockProp クラスは後程説明します。

```
/**
   * json 形式のデータを Rablock に登録
   *
   * @param json
   * @return
   * @throws IOException
   */
  public String putData(String json) throws IOException {
    SendBlockChain chain = new SendBlockChain();
    String result =
           chain.restSubmit(json, blockchain_ip, blockchain_port, digest_name,
digest_pass);
    return result;
  }
```

putData() メソッドは SendBlockChain クラスを初期化し、restSubmit() メソッドに引数 json(JSON 形式の文字列) を接続先情報とともに渡しています。
先程 GetProperties クラスから引き出した情報をもとに、SendBlockChain クラスが Rablock とのやり取りをしていることがわかります。SendBlockChain クラスは後ほど説明します。
一方、put に対し get 系のメソッドですが、こちらも SendBlockChain クラスを呼び出している構造に変わりありません。

```
  /**
   * Rablock から指定したオブジェクト ID のデータを取得
   *
   * @param oid
   * @return
   * @throws IOException
   */
  public String getOid(String oid) throws IOException {
    SendBlockChain chain = new SendBlockChain();
    String result = chain.dbobjByoid(oid, blockchain_ip, blockchain_port, digest_
name, digest_pass);
    return result;
  }
```

いくつかの種類のget系メソッドが定義されています。

メソッド名	呼び出しているメソッド	説明
getOid	dbobjByoid	Rablockから指定したオブジェクトIDのデータを取得
getHistorOid	historyOid	Rablockから指定したオブジェクトIDに紐づくデータを取得
getBlockData	getBlock	Rablockからブロックチェーンのデータを取得
getAllData	getAll	Rablockから全て（トランザクションプール、ブロックチェーン）のデータを取得
getByStringItem	getByJson	指定のString項目と値でデータを取得
getByIntItem	getByJson	指定の数値項目と値でデータを取得
getByDoubleItem	getByJson	指定の小数項目と値でデータを取得
getByNullItem	getByJson	指定の項目がnullのデータを取得
getByBooleanItem	getByJson	指定の項目がtrue/falseのデータを取得

ブロックチェーン内部ではすべての値が文字列として記録されているため、後半の検索系メソッドではすべて文字列に変換して同じメソッドで処理しているのが興味深いです。

次にRablockPropクラスですが、RablockProp.javaで定義されているクラスです。

prop/GetPropaties.javaで定義されているGetPropatiesクラスで取得したプロパティ値のうち、ブロックチェーンに関係のあるものを保持します。

メソッド名	説明
setBlockchain_ip	ブロックチェーンエンジンのIPアドレスを指定した値で保持する
getBlockchain_ip	保持しているブロックチェーンエンジンのIPアドレスを返す
setBlockchain_port	ブロックチェーンエンジンのポート番号を指定した値で保持する
getBlockchain_port	保持しているブロックチェーンエンジンのポート番号を返す
setDigest_name	ダイジェスト認証のユーザー名を指定した文字列で保持する
getDigest_name	保持しているダイジェスト認証のユーザー名を返す
setDigest_pass	ダイジェスト認証のパスワードを指定した文字列で保持する
getDigest_pass	保持しているダイジェスト認証のパスワードを返す

SendBlockChainクラスは、SendBlockChain.javaで定義されているクラスです。

ブロックチェーンエンジンと直にやり取りしているコードになります。

GET系とPOST系のメソッドを1つずつ紹介します。

getBlock()は、ブロックチェーンのデータを全て取得するメソッドです。

```
/**
  * ブロックチェーンのデータを全件取得
  *
  * @param ip
```

```
  * @param port
  * @return
  * @throws IOException
  */
 public String getBlock(String ip, String port, String digestUserName, String
digestPass)
    throws IOException {
   StringBuffer result = new StringBuffer();
   HttpURLConnection con = null;
```

getBlock() は Rablock API の /get/block を呼び出します。最初に URL 文字列を構築しておき、認証および接続に進みます。

```
   try {
     String apiUrl = "http://" + ip + ":" + port + "/get/block";
     URL connectUrl = new URL(apiUrl);

     // ユーザ認証情報の設定
       HttpAuthenticator httpAuth = new HttpAuthenticator(digestUserName,
digestPass);
     Authenticator.setDefault(httpAuth);

     con = (HttpURLConnection) connectUrl.openConnection();
     con.setInstanceFollowRedirects(true);

     int status = con.getResponseCode();
```

通信に成功したらテキストを取得します。エンコーディングを確認し、指定がなければ UTF-8 とみなします。

```
     if (status == HttpURLConnection.HTTP_OK) {
       // 通信に成功した
       // テキストを取得する
       final InputStream in = con.getInputStream();
       String encoding = con.getContentEncoding();
       if (null == encoding) {
         encoding = "UTF-8";
       }
```

一行ずつテキストを読み込んで文字列バッファに追加していきます。

```
        final InputStreamReader inReader = new InputStreamReader(in, encoding);
        final BufferedReader bufReader = new BufferedReader(inReader);
        String line = null;
        // 1行ずつテキストを読み込む
        while ((line = bufReader.readLine()) != null) {
          result.append(line);
        }
```

終わったら各種バッファをクローズします。

```
        bufReader.close();
        inReader.close();
        in.close();
      } else {
```

もし通信に失敗した場合は、logger にステータスコードを書き込みます。

```
        // 通信が失敗した場合のレスポンスコードを表示
        logger.debug("" + status);
      }
```

最後に接続を切断し、でき上がった文字列バッファを呼び出し元に返します。

```
    } finally {
      if (con != null) {
        // コネクションを切断
        con.disconnect();
      }
    }
    return result.toString();
  }
```

それほど難しいことをしているわけではありません。Rablock ではブロックチェーン固有の癖が少ないので、プログラミングをある程度やったことがある人ならすんなり読み進められます。

次に POST 系を見ていきます。restSubmit() は、ブロックチェーンに JSON 形式で任意の項目を送信するメソッドです。

```
  /**
   * 任意の項目を送信する
   *
   * @param json
   * @param ip
   * @param port
   * @return
   * @throws IOException
   */
  public String restSubmit(
        String json, String ip, String port, String digestUserName, String
digestPass)
      throws IOException {
    StringBuffer result = new StringBuffer();
    HttpURLConnection con = null;
```

restSubmit() は、Rablock API の /post/json を呼び出します。最初に URL 文字列を構築しておき、認証に進みます。

```
    try {
      String apiUrl = "http://" + ip + ":" + port + "/post/json/";
      URL connectUrl = new URL(apiUrl);

      // ユーザ認証情報の設定
        HttpAuthenticator httpAuth = new HttpAuthenticator(digestUserName,
digestPass);
      Authenticator.setDefault(httpAuth);

      con = (HttpURLConnection) connectUrl.openConnection();
```

コラム

HTTPダイジェスト認証

Rablock UI の多くは、ユーザー名とパスワードを使用して HTTP ダイジェスト認証方式により認証され、その実行が認可されます。
Java から Rablock UI を次のようなコードで認証を行います。

```
// ユーザ認証情報の設定
//
import java.net.Authenticator;
//
HttpAuthenticator httpAuth = new HttpAuthenticator(userName, userPass);
Authenticator.setDefault(httpAuth);
```

ダイジェスト認証とは、HTTPの認証方法の一つです。ユーザー名とパスワードをMD5でハッシュ(ダイジェスト)化して送ります。Basic 認証では防げなかった盗聴や改ざんを防ぐために考案されました。ダイジェスト認証は次のように動きます。

1. あらかじめサーバー側にパスワードの MD5 メッセージダイジェストを保存しておきます。
2. クライアントがダイジェスト認証を行うページにやってくると、サーバーはクライアントにランダムな文字列を渡します。
3. クライアントはパスワードの MD5 メッセージダイジェストを生成します。
4. さらにクライアントは、生成したメッセージダイジェストの末尾に、サーバーから受け取ったランダムな文字列をくっつけて、ひとつの文字列にします。
5. クライアントは、生成した文字列全体の MD5 メッセージダイジェストをサーバーに送信します。なお、このときサーバーから送られてきたランダムな文字列もそのまま送り返します。
6. サーバーは、あらかじめ用意してあったパスワードの MD5 メッセージダイジェストの末尾に、クライアントから送られてきたランダムな文字列(元々はサーバーが生成したもの)をくっつけて、ひとつの文字列にします。
7. サーバーは、この文字列全体の MD5 メッセージダイジェストを生成し、クライアントから送信されてきたメッセージダイジェストと比較します。一致したら認証成功・一致しなかったら認証失敗となります。

Basic 認証とは異なり、ネットワーク上を生パスワードが流れることはありませんので、盗聴に対して安全です。また、サーバー側に生パスワードを保存する必要がないのもポイントです。ただし、改ざんに対しては、今日 MD5 は衝突攻撃に対して脆弱とされているため、万全ではないと考えられています。パスワード以外のデータの保護を含め、別途通信経路の TLS 使用などの対策は必要となります。

POST系メソッドでは、送出する内容についての設定を行ってから接続します。

```
con.setDoOutput(true);
con.setRequestMethod("POST");
con.setRequestProperty("Accept-Language", "jp");
// データがJSONであること、エンコードを指定する
con.setRequestProperty("Content-Type", "application/JSON; charset=utf-8");
// POSTデータの長さを設定
con.setRequestProperty("Content-Length", String.valueOf(json.length()));

// リクエストのbodyにJSON文字列を書き込む
OutputStreamWriter out = new OutputStreamWriter(con.getOutputStream());
out.write(json);
out.flush();
out.close();
con.connect();

int status = con.getResponseCode();
```

通信に成功したらテキストを取得します。エンコーディングを確認し、指定がなければUTF-8とみなします。

```
if (status == HttpURLConnection.HTTP_OK) {
  // 通信に成功した
  // テキストを取得する
  final InputStream in = con.getInputStream();
  String encoding = con.getContentEncoding();
  if (null == encoding) {
    encoding = "UTF-8";
  }
```

一行ずつテキストを読み込んで文字列バッファに追加していきます。

```
        final InputStreamReader inReader = new InputStreamReader(in, encoding);
        final BufferedReader bufReader = new BufferedReader(inReader);
        String line = null;
        // 1行ずつテキストを読み込む
        while ((line = bufReader.readLine()) != null) {
          result.append(line);
        }
```

終わったら各種バッファをクローズします。

```
        bufReader.close();
        inReader.close();
        in.close();
      } else {
```

もし通信に失敗した場合は、loggerにステータスコードを書き込みます。

```
        // 通信が失敗した場合のレスポンスコードを表示
        logger.debug("status" + status);
      }
```

最後に接続を切断し、でき上がった文字列バッファを呼び出し元に返します。

```
    } finally {
      if (con != null) {
        // コネクションを切断
        con.disconnect();
      }
    }
    return result.toString();
  }
```

POST 系は、最初にこちらから内容を送出する点が異なりますが、他は GET 系と大きな違いはありません。

このようにブロックチェーン特有のやりとりが少ないのが、Rablock API プログラミングの特徴となっています。

アプリケーションをビルドする

Rablock 編の最後は、デモアプリケーションのソースコードをビルドする方法について説明しておきます。

パッケージ・エクスプローラーからデモアプリケーションのプロジェクトを右クリックし、[実行] ≫ [Maven ビルド…] を選択します。

[構成の編集] 画面で、[ゴール] に package を指定して [実行] をクリックします。

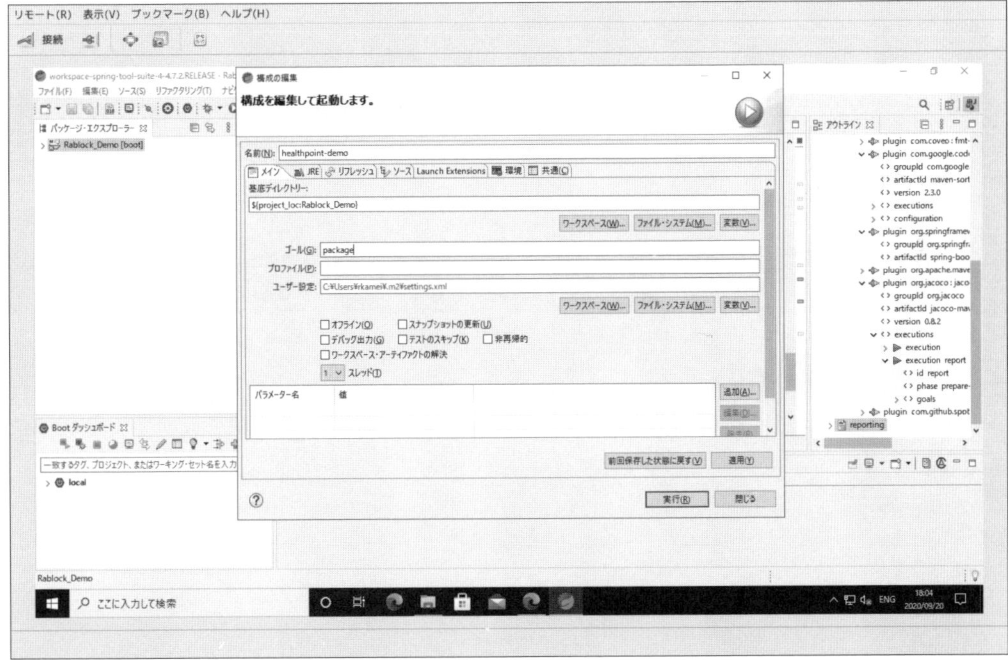

ビルドゴールの指定

コンソールウィンドウが開き、ビルド状況が出力されます。しばらくするとビルドが完了し、jar ファイルがソースコードの target フォルダ以下に作られています。

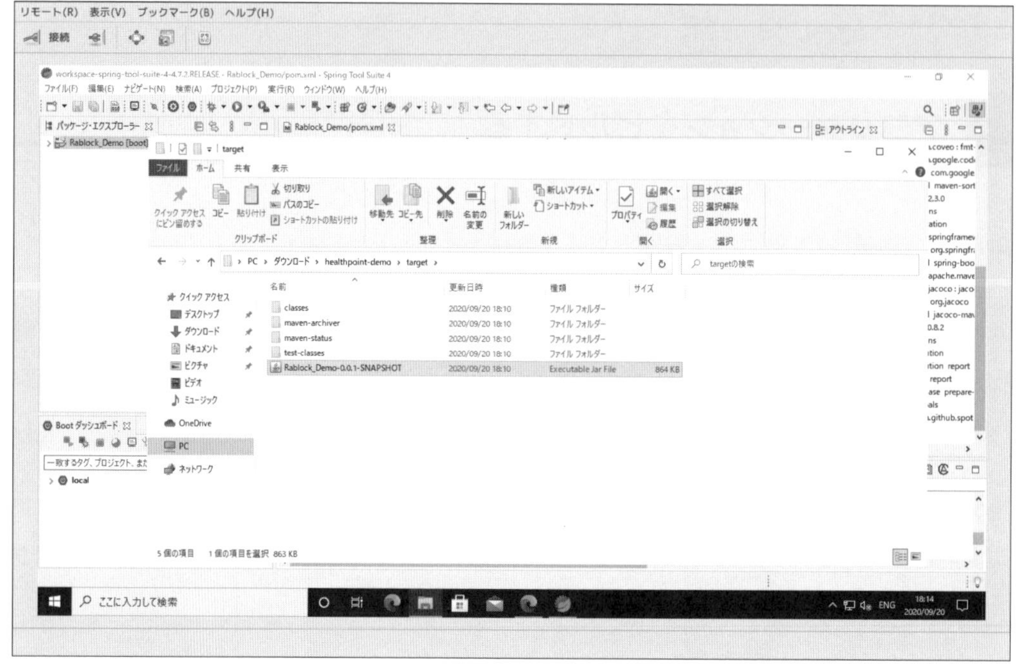

でき上がったjarファイル

この jar ファイルを、今稼働中の jar と入れ替えて現在のプロセスを kill し、再び nohup コマンドで起動することで、新しい jar ファイルで動き始めます（ファイルの転送には WinSCP などを使用するのが良いでしょう）。
この手順を覚えれば、自身のカスタムブロックチェーンアプリケーションも動かすことができるでしょう。

コラム

ビジネスブロックチェーンを支える技術 – プログラミング言語

ブロックチェーンプラットフォームを開発する際に使われる言語、ブロックチェーンプラットフォーム上で動かすプログラムを開発する際に使われる言語など、さまざまなプログラミング言語があります。

JavaとSpringフレームワーク、Spring Boot

Java はエンタープライズソフトウェアやクライアントサーバー型の Web アプリケーションの開発で広く使われているプログラミング言語です。Oracle Corporation 等、数社が開発した実装があります。またオープンソース版の実装 (OpenJDK 等) もあり、特に Linux などオープンソース系の OS 環境では広く使われています。

Java 言語の特徴として、実際の OS 環境への依存をできるだけ少なくなるように設計されていることが挙げられます。そのため Java で書かれたプログラムは対応しているプラットフォームでそのまま実行できます。

そんな Java 言語でアプリケーション開発を効率良く行う際に使われるのが Spring フレームワークになります。フレームワークとはソフトウェア開発に必要な仕組みを提供してくれる基盤的プログラムの集まりであり、Spring フレームワークの場合、Java 言語で Web アプリケーション開発を行う際に最もよく使われます。

さらに Spring フレームワークを扱いやすくするためのフレームワークとして Spring Boot があります。Spring フレームワークの世界はすでに広大となっており、とっかかり (bootup) としてのなんらかの仕組みが必要となりつつあります。Spring Boot は Spring フレームワークの世界へ入っていくための入り口を提供します。

Spring フレームワークおよび Spring Boot を使うには、STS(Spring Tools Suite) を使うのが一般的です。STS にはバリエーションがあり、通常、同じ Java の統合開発環境である Eclipse をベースとしたパッケージ、もしくは Eclipse へのプラグインとして提供および利用されますが、Microsoft Corporation が開発する Visual Studio Code と組み合わせるためのプラグインや、Eclipse Theia 向けのプラグインなども提供されています。

このように多様性の文化を持つ Java ですが、ブロックチェーンプラットフォームでは、Java はそのエンタープライズソフトウェアでの実績や Web アプリケーションとの高い相性を評価され、システム記述言語として良く使われています。またブロックチェーンエンジンがプログラム実行機能を備えている場合、そのプログラム記述言語として Java に対応していることも多くあります。

Go

Go は比較的新しい言語で、既存の言語の短所／長所を研究した上で開発されました。Google が開発した言語ということで記憶されている方も多いと思いますが、仕様がシンプルでコンパイル／実行が高速であるなど、C 言語の進化版としての活用が広まっている言語となっています。Google が開発しただけあり Web システムバックエンドでの活用も進んでいます。

ブロックチェーンではシステム記述言語として人気が高く、Ethereum や Hyperledger Fabric なども Go 言語で記述されています。

JavaScript と Node.js

Web ブラウザの拡張と共に成長してきた、Web 上でハイパーテキスト以外の複雑な処理を可能とする手段のひとつである JavaScript ですが、現在ではバックエンドアプリケーションやデスクトップアプリケーションなど、様々な用途で使用されています。
代表的な例が Chrome の JavaScript エンジンである V8 をベースとして開発された Node.js でしょう。Node.js はサーバーサイドで動作する実装であり、アクセスするユーザーやソフトウェアからは Web サーバーのように見える一方、内部では一般的なプログラミング言語のように処理することができます。

Solidity

Solidity は、JavaScript ライクな文法を持つ、Ethereum 上で動作させるプログラミング言語です。スマートコントラクトと呼ばれる、ブロックチェーン上で動作させるプログラムの記述に用います。Solidity については Chapter3-2 の Amazon Managed Blockchain の節で実際のプログラムを解説しています。

Chapter 3-2

ビジネスブロックチェーンの実際2:Amazon Managed Blockchain

3-2-1 概要

Amazon Web Services（以下 AWS）では**Amazon Quantum Ledger Database（QLDB）**と**Amazon Managed Blockchain**というブロックチェーンサービスを提供しています。**Amazon Managed Blockchain（以下 AMB）**は、AWSのクラウドプラットフォーム上で提供している、ブロックチェーンのフルマネージドサービス環境です。AMBには**Hyperledger Fabric**と**Ethereum**のサービスがあり、設定が複雑なブロックチェーンネットワークの構築を簡単に行うことができる環境になっています。

Ethereumは、パブリックブロックチェーンの中で最も勢いのある実装で、多くの個人・団体・企業がその開発に携わっています。本章ではAMBで提供するEthereumサービスについて解説します。

QLDBはデータを管理するために使用される従来のデータベースの利便性とブロックチェーンのデータ管理をイミュータブル（変更、削除ができない）に行うことができるという特徴の合わせたようなデータベースになっています。ブロックチェーンは複数のノードで構成されるブロックチェーンネットワークの構築が必要になり、複雑な作業が発生してしまいますが、QLDBはブロックチェーンネットワークの構築をせずにデータの変更管理をイミュータブルに行うことができる特殊なデータベース環境となっています。

3-2-2 システムアーキテクチャー

Ethereum

Ethereumは仮想通貨などを扱うことだけを目的としたブロックチェーンではなく、分散型のアプリケーション（**DApps：Decentralized Applications**）を動かせるという特徴を持ったプラットフォームになっています。**DApps**はブロックチェーン上のスマートコントラクトを利用する際に実現できるアプリケーションで、この組み合わせによる様々なアプリケーションが開発されていて、EthereumはDAppsの主流プラットフォーム（2021年9月現在）になっています。

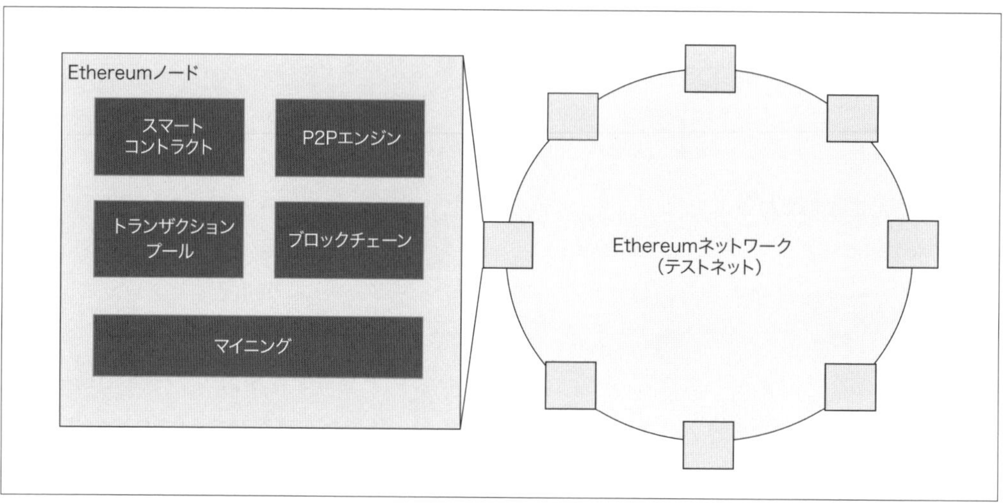

Ethereum システムイメージ

Ethereumに関する情報は、以下にWhite Paperが公開されていますので、参考にしてください。

Ethereum White Paper（https://github.com/ethereum/wiki/wiki/White-Paper）

スマートコントラクト

Chapter1-3 でも説明していますが、**スマートコントラクト**とは、ブロックチェーン上で動かすことのできるプログラムのことを指します。本来の意味はスマートなコントラクト、すなわち自律的に実行される契約というような意味です。従来の仮想通貨に使われるブロックチェーンでは、トランザクションの全てがコントラクトであるので、その実行プログラム群のことをスマートコントラクトと呼んで汎用のプログラムと区別していましたが、実際にはコントラクト以外のものもほぼ無制限に実行することができます。
ただし、Ethereum のスマートコントラクトで実行可能なプログラム言語は、仮想通貨を扱う際に便利な機構が追加されている独自のもの（Solidity 等）になります。ビジネスブロックチェーンで業務アプリケーションを記述するにはやや癖があるので、無理にスマートコントラクトですべてを記述しなくても構いません。

トランザクションプール

一時的にトランザクションを溜めておく場所です。一時的に溜められたトランザクションデータはマイニングという処理によってブロック化されブロックチェーンに保管されます。

マイニング

トランザクションをブロックチェーンに保存する過程の作業を**マイニング**と呼びます。パブリックブロックチェーンの Ethereum では、後述するコンセンサスアルゴリズムを用いてトランザクションを処理・確定させる際に、確定に誠実に協力したノードに報酬が支払われる仕組みになっています。この一連の地道な作業を採掘（mining）に例えたのが命名の由来です。ただし、今回サンプルで使用する AMB のテストネットでは残念ながらマイニングはサポートされていません。

ブロックチェーン

ここでいうブロックチェーンとは、データを保存する部分のことになります。今回サンプルで使用するテストノードのEthereumではProof-of-work（PoW）向けのテストネットとして、本物のメインネットに類似した操作を行うことができます。

P2Pエンジン

Ethereum P2P ネットワークを構築するためのコンポーネントです。ネットワークマネージャとも呼ばれます。

コンセンサスメカニズムとは

Chapter1-3でも説明していますが、**コンセンサスアルゴリズム**とは、ブロックチェーンという分散処理システムでノード間の処理結果の調停を行う必要が生じた際に適用される、予め決められた法則のことを指します。Ethereum のコンセンサスアルゴリズムは、ノード数が不特定多数かつノードの挙動が信用できないこともあるという条件の下で、安全にトランザクションを処理できるという要件を満たす**Proof of Work(PoW)**というコンセンサスアルゴリズムを採用（2021年9月現在）しています。このコンセンサスアルゴリズムの最大の欠点は処理スピードが遅いことで、最高で15TPS（秒間15トランザクション）程度になります。ビジネスに用いる処理系として十分な速度とはいえません。
この解決方法は主に2つ考えられています。一つはなるべくブロックチェーン上で処理せずに、適宜（処理結果のみなど）ブロックチェーンに記録することによりスピードをあげるという、謂わばコンピュータのストレージに対するメモリのような階層型アプローチを作り上げるもので、**オフチェーン技術**（もしくは**レイヤー2テクノロジー**）と呼ばれるものです。もう一つはビジネスの現場に即し、ノード数を特定少数に限定し、ノードの信頼性についてある程度の信用を置くことを前提とした、全く新しいコンセンサスアルゴリズムを採用することです。

トランザクション手数料Gasについて

Ethereumではトランザクションを実行する時にかかる計算量によって手数料がかかる仕組みになっています。どの手数料の単位が**Gas**という単位で、Gasの単価（gasPrice）に使った分（gasUsed）を掛けた値になり、この手数料がマイナーに支払われます。またトランザクションを実行する際に使用していいGasの上限（gasLimit）を決めることができます。後述の**AMBにアクセスする**でブロック情報を確認する際に内容を確認します。

3-2-3 基本的な使い方

この項では、AMBの最も基本的な使い方の部分を見ていきます。AWSにアカウントを作成、AMBをセットアップし、Web3.jsを使ってEthereumにアクセスしてみましょう。
Web3.jsは、HTTPなどを使用してEthereumブロックチェーンのノードとやりとりを行うことができるライブラリです。

AWSアカウントの作成

まず最初にAWSのアカウントを作成します。アカウントの作成は以下のURLでAWSページに入り**今すぐ無料サインアップ**をクリックします。

https://aws.amazon.com

AWSアカウント作成1

上記画面で**今すぐ無料サインアップ**をクリックするとサインアップの画面が表示されるので、順次指示に従い必要な項目を入力しアカウント作成を行います。

AWSアカウント作成2

ここで作成したアカウントはrootユーザーになります。AWSでは、日常的なタスクでこのrootユーザーの使用は推奨しておらず、IAMユーザーを作成しそのIAMユーザーで作業を行うことを推奨しています。**IAM（AWS Identity and Access Management）は**AWSリソースへのアクセスをコントロールするためのAWSの仕組みで、IAMを使って作成されたユーザーをIAMユーザーと呼びます。IAMを使用してリソースの使用を認証および許可するユーザーを制御します。

作成したrootユーザーでログインし、検索エリアに**IAM**と入力しIAMメニューを表示します。

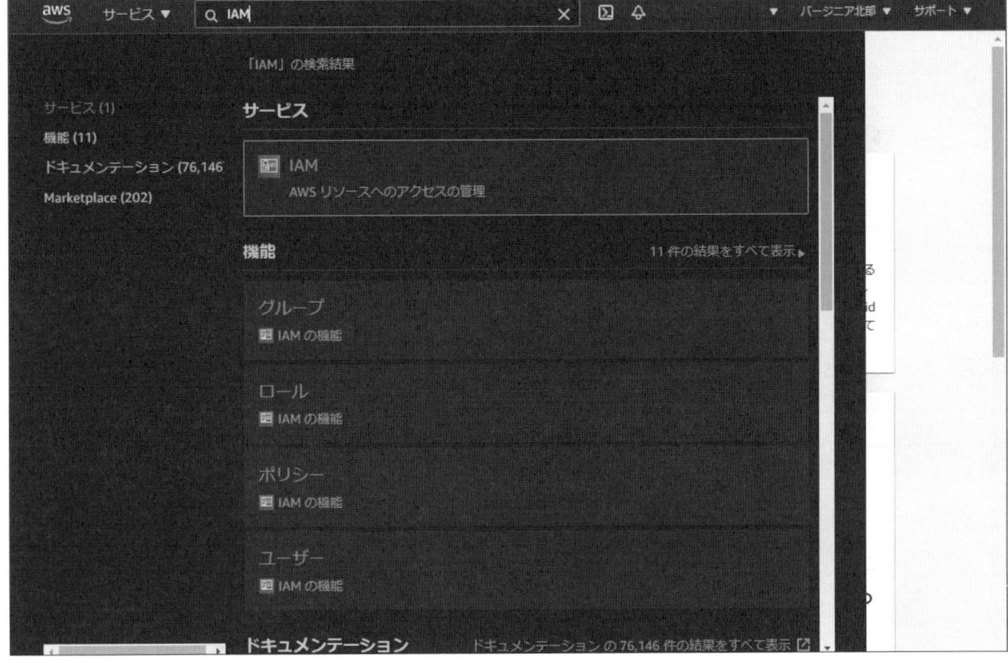

AWSアカウント作成3

表示されたサービスから**IAM**をクリックし、IAMダッシュボードを表示します。

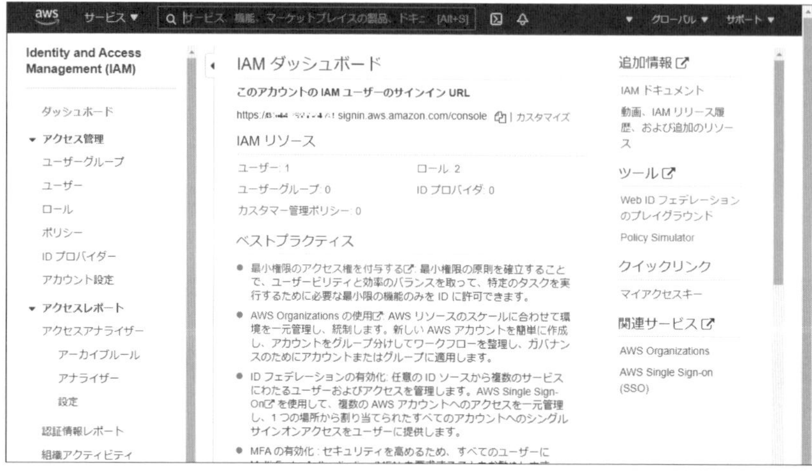

AWSアカウント作成4

画面の左メニューから**ユーザー**を選択し順次指示に従い画面を進めます。詳細な項目の設定内容については割愛します。今回のIAMユーザーには**管理者権限（AdministratorAccess）**を設定しますが、必要に応じてアクセス権限のポリシーの設定を選択してください。

AWSアカウント作成5

順次指示に従い画面を進めると、ユーザー作成の最後の画面でセキュリティ認証情報の取得画面が表示されるので、**.csv のダウンロード**をクリックし、ユーザーのセキュリティ認証情報を取得してください。

AWSアカウント作成6

このCSVファイルには、作成したIAMユーザーの初期パスワードや、アクセスキーID、シークレットアクセスキー、コンソールへのログインリンクの情報が含まれています。AMBのEthereumにアクセスする際にこのアクセスキーID、シークレットアクセスキーが必要になるので、大切に保管してください。

AMBのセットアップ

IAMユーザー作成時に取得したセキュリティ認証情報のCSVファイルの**Console login link**（コンソールへのログインリンク）を指定してコンソールにログインします。

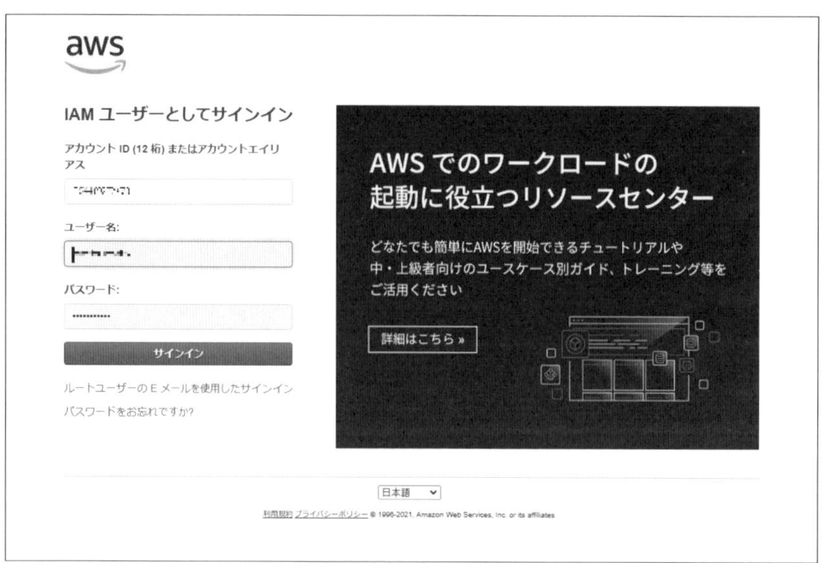

AMBのセットアップ：IAMユーザーでのログイン画面

初回ログイン時にはパスワードの変更画面が表示されるので任意のパスワードに変更してください。

AMBのセットアップ：AWSマネージメントコンソール画面

AWSマネージメントコンソールログインし、検索エリアに「**block chain**」と入力すると**Amazon Managed Blockchain**のメニューを表示します。なおAMBのサポートは以下のリージョンのみとなっています(2021年9月現在)。画面右上のリージョン選択メニューからサポートされているリージョンを選択するようにしてください。

地域	リージョン名
米国東部(バージニア北部)	us-east-1
アジアパシフィック(ソウル)	ap-northeast-2
アジアパシフィック(シンガポール)	ap-southeast-1
アジアパシフィック(東京)	ap-northeast-1
欧州(アイルランド)	eu-west-1
欧州(ロンドン)	eu-west-2

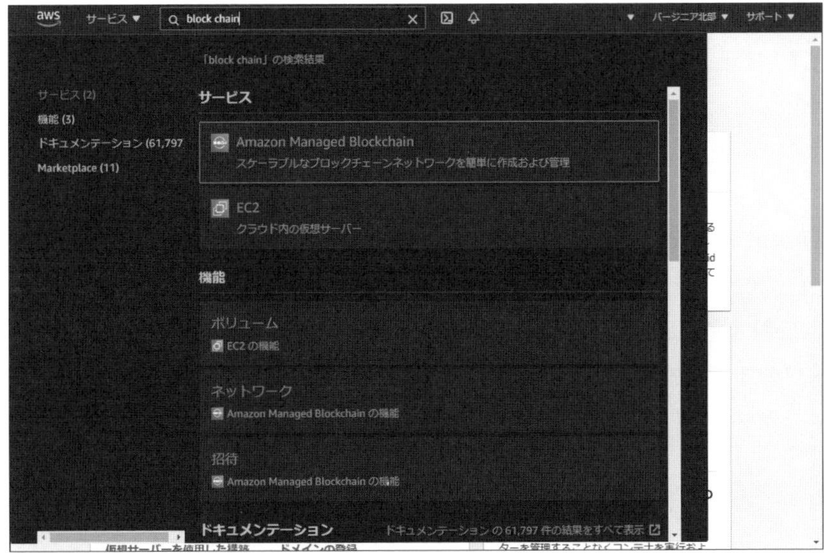

AMBのセットアップ：Amazon Managed Blockchainメニューの表示

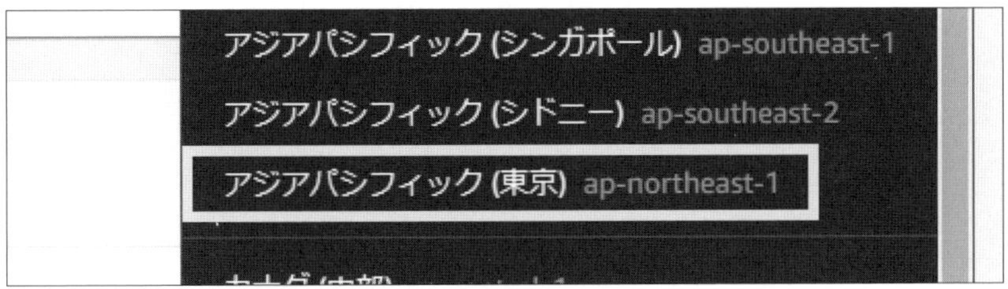

AMBのセットアップ：Amazon Managed Blockchain画面

パブリックネットワークに参加をクリックします。Ethereumの環境は2021年9月現在、プライベート環境での構築をサポートしていません（プライベートネットワークは**Hyperledger Fabric**のみ）。しかし、Ethereumには**Ropsten**、**Rinkeby**などのパブリックなテスト環境が提供されています。ここではこのテスト環境へのアクセスができる環境を構築します。
参加するEthereumパブリックネットワークの選択を行います。AMB-Ethereumでは以下のパブリックネットワークへの参加が可能になっています。

- Ethereum Mainnet
  パブリックのEthereumネットワークに接続することができるネットワークです。取引には実際にコストが発生します。

- Ethereum Testnet：Ropsten
  PoW（プルーフ・オブ・ワーク）向けのテストネットです。Mainnetに類似した操作を行うことができますが、ネットワーク上の取引は金銭的な価値は発生しません。トークン発行などで使われることが多いです。

- Ethereum Testnet：Rinkeby
  Go Ethereum（Geth）クライアント向けのテストネットです。このネットワーク上の取引は金銭的な価値は発生しません。
  DAppsのベータテスト参加で使われることが多いテストネットです。

AMBのセットアップ：パブリックネットワークへの参加

ここでは **Ropsten** に参加するための環境を構築します。**ブロックチェーンネットワーク**で **Ethereum Testnet:Ropsten** を選択し、**ノード設定**の内容はデフォルトのまま、**ノードの作成**をクリックします。
AMB の利用には料金がかかります。
詳細は以下の URL の内容を確認してください。

Amazon Managed Blockchain for Ethereum pricing（https://aws.amazon.com/jp/managed-blockchain/pricing/ethereum/）

Ethereum のノード作成には 30 分～ 1 時間くらいの時間が掛かります。次がノード作成中の画面です。

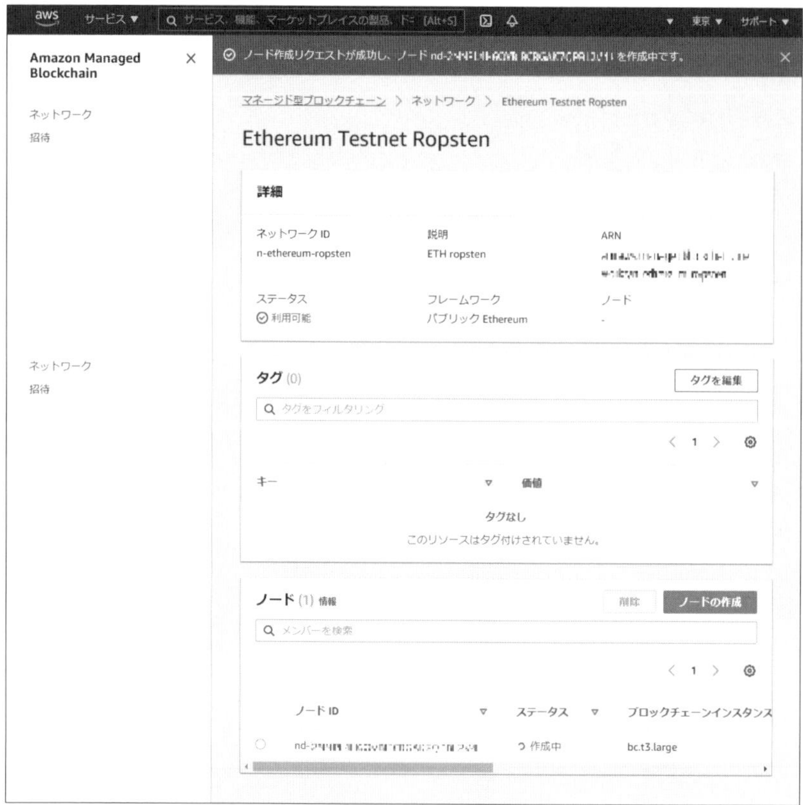

AMBのセットアップ：Ethereumのノード作成中画面

セットアップが完了し、作成されたノードIDをクリックすると以下のような情報が表示されます。

- ノードID
  作成したEthereumのノードID

- WebSocketエンドポイント
  WebSocketでアクセス際に使用するエンドポイントURL

- ブロックチェーンインスタンスタイプ
  ノードを作成したインスタンスのタイプ（サーバータイプ）

● HTTP エンドポイント

HTTP でアクセス際に使用するエンドポイント URL

● ARN

Amazon リソースネーム（リソースを一意にする名前）

● アベイラビリティーゾーン

ノードを作成したリージョン

AMBのセットアップ：セットアップが完了

Web3.js で Ethereum にアクセスする際に、上記の **HTTP エンドポイント**を使用します。

AMBにアクセスする

AMB-Ethereumは、**JSON-RPC API**をサポートしています。JSON-RPCはJSON形式のリクエスト、レスポンスを**RPC (Remote Procedure Call)** プロトコルで利用できるものです。Web3.jsはNode.jsを利用してHTTP接続、またはWebSocket接続によってEthereumにJSON-RPC APIコールを送信することができます。ここでは、AWSで公開している**Ethereum Developer Guide**の内容に沿ってアクセス方法を説明します。また、Google Chromeの拡張機能として公開されている**MetaMask**というWebウォレットについても紹介します。**Ethereum Developer Guide**は以下のURLで公開されています。

Amazon Managed Blockchain Documentation (https://docs.aws.amazon.com/managed-blockchain/index.html)

Web3.jsによるEthereumへのアクセスの準備を以下の順序で行います。

1. **Node.jsのインストール**
2. **アクセスに必要な各パッケージのインストール**
3. **環境変数の設定**
4. **Web3.jsスクリプトのファイル保存**
5. **スクリプトの実行**

Node.jsのインストール

Node.jsへのインストールを行います。Node.jsはバージョン14以降のバージョンを利用する必要があります。
以下のURLよりNode.jsのインストールを行います。

https://nodejs.org/ja/

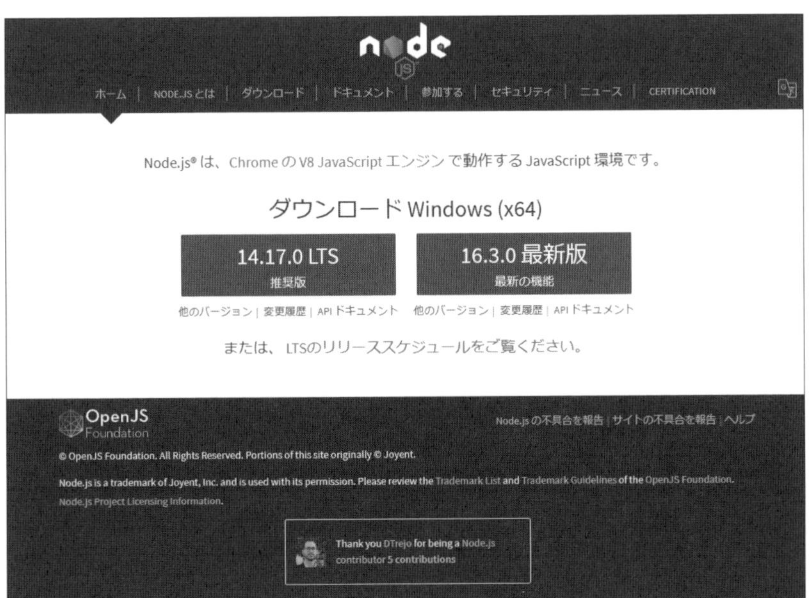

AMBにアクセスする：Node.jsのインストール

ダウンロードメニューから各自の環境にあったモジュールをダウンロードしインストールを行ってください。

アクセスに必要な各パッケージのインストール

Ethereum へのアクセスに必要な以下のパッケージのインストールを行います。

- aws-sdk： AWS で提供している開発用ツール / ライブラリ
- web3： Ethereum アクセスのための JavaScriptAPI
- xhr2： XMLHttpRequest のバージョン 2（XMLHttpRequest はブラウザ上でサーバーと HTTP 通信を行うための API）

それぞれ次のコマンドを実行しインストールを行います。次の画面はWindows環境でのコマンドプロンプトでの実行画面です。

インストールは任意のディレクトリを作成しそのディレクトリに移動して行います。以下のコマンドを実行したカレントディレクトリにそれぞれのモジュールがインストールされます。

またのちほど説明する**Web3.jsスクリプトのファイル保存、スクリプトの実行**の操作もこのディレクトリで行います（以下の例はc:\temp\ethe-accessディレクトリで実行）。

```
npm install aws-sdk
```

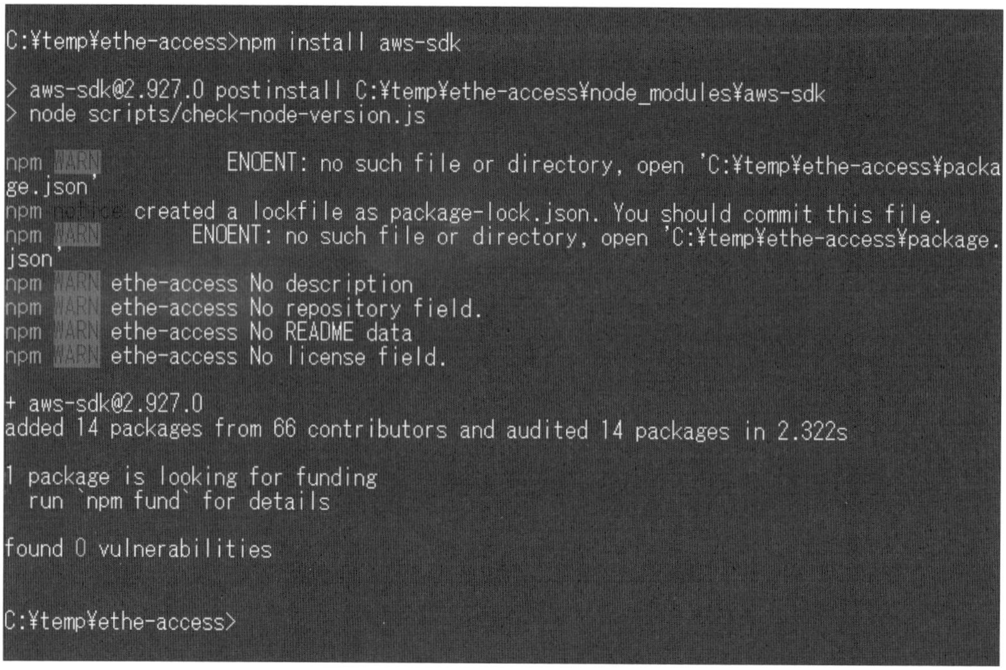

```
C:¥temp¥ethe-access>npm install aws-sdk

> aws-sdk@2.927.0 postinstall C:¥temp¥ethe-access¥node_modules¥aws-sdk
> node scripts/check-node-version.js

npm WARN          ENOENT: no such file or directory, open 'C:¥temp¥ethe-access¥packa
ge.json'
npm notice created a lockfile as package-lock.json. You should commit this file.
npm WARN        ENOENT: no such file or directory, open 'C:¥temp¥ethe-access¥package.
json'
npm WARN ethe-access No description
npm WARN ethe-access No repository field.
npm WARN ethe-access No README data
npm WARN ethe-access No license field.

+ aws-sdk@2.927.0
added 14 packages from 66 contributors and audited 14 packages in 2.322s

1 package is looking for funding
  run `npm fund` for details

found 0 vulnerabilities


C:¥temp¥ethe-access>
```

AMBにアクセスする：aws-sdkのインストール

```
npm install web3
```

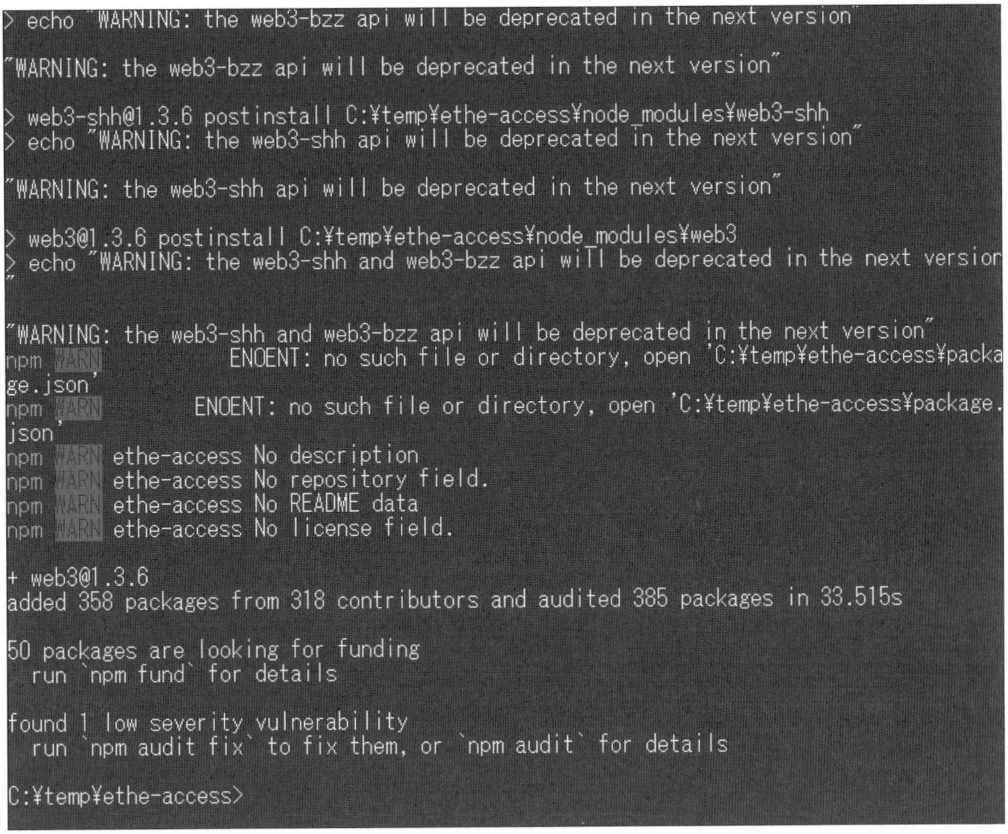

```
> echo "WARNING: the web3-bzz api will be deprecated in the next version"

"WARNING: the web3-bzz api will be deprecated in the next version"

> web3-shh@1.3.6 postinstall C:¥temp¥ethe-access¥node_modules¥web3-shh
> echo "WARNING: the web3-shh api will be deprecated in the next version"

"WARNING: the web3-shh api will be deprecated in the next version"

> web3@1.3.6 postinstall C:¥temp¥ethe-access¥node_modules¥web3
> echo "WARNING: the web3-shh and web3-bzz api will be deprecated in the next version
"

"WARNING: the web3-shh and web3-bzz api will be deprecated in the next version"
npm WARN           ENOENT: no such file or directory, open 'C:¥temp¥ethe-access¥packa
ge.json'
npm WARN        ENOENT: no such file or directory, open 'C:¥temp¥ethe-access¥package.
json'
npm WARN ethe-access No description
npm WARN ethe-access No repository field.
npm WARN ethe-access No README data
npm WARN ethe-access No license field.

+ web3@1.3.6
added 358 packages from 318 contributors and audited 385 packages in 33.515s

50 packages are looking for funding
  run `npm fund` for details

found 1 low severity vulnerability
  run `npm audit fix` to fix them, or `npm audit` for details

C:¥temp¥ethe-access>
```

AMBにアクセスする：web3.jsのインストール

```
npm install xhr2
```

```
C:¥temp¥ethe-access>npm install xhr2
npm WARN            ENOENT: no such file or directory, open 'C:¥temp¥ethe-access¥packa
ge.json'
npm WARN         ENOENT: no such file or directory, open 'C:¥temp¥ethe-access¥package.
json'
npm WARN ethe-access No description
npm WARN ethe-access No repository field.
npm WARN ethe-access No README data
npm WARN ethe-access No license field.

+ xhr2@0.2.1
added 1 package from 6 contributors and audited 614 packages in 3.02s

50 packages are looking for funding
  run `npm fund` for details

found 1 low severity vulnerability
  run `npm audit fix` to fix them, or `npm audit` for details

C:¥temp¥ethe-access>
```

AMBにアクセスする：xhr2のインストール

インストールが完了すると、上記コマンドを実行したディレクトリに「**node_modules**」というディレクトリが作成されパッケージがインストールされています。

```
C:¥temp¥ethe-access>dir
 ドライブ C のボリューム ラベルは BOOTCAMP です
 ボリューム シリアル番号は 0246-9FF7 です

 C:¥temp¥ethe-access のディレクトリ

2021/06/12  19:27    <DIR>          .
2021/06/12  19:27    <DIR>          ..
2021/06/12  19:27    <DIR>          node_modules
2021/06/12  19:27           120,347 package-lock.json
               1 個のファイル             120,347 バイト
               3 個のディレクトリ  129,237,917,696 バイトの空き領域

C:¥temp¥ethe-access>
```

AMBにアクセスする：パッケージのインストール完了

環境変数の設定

次に**アクセスキー ID、シークレットアクセスキー、HTTP エンドポイント URL** を環境変数に設定します。**アクセスキー ID、シークレットアクセスキー**は **AWS アカウントの作成**で取得したセキュリティ認証情報の CSV ファイルに含まれています。また、**HTTP エンドポイント URL** はコンソール画面で作成したノード ID をクリックすることで確認することができます。

AMBにアクセスする：環境変数の設定

それぞれを以下の環境変数名で設定します。

- AWS_ACCESS_KEY_ID = " アクセスキー ID"（セキュリティ認証情報の CSV ファイル内の情報）
- AWS_SECRET_ACCESS_KEY = " シークレットアクセスキー "（セキュリティ認証情報の CSV ファイル内の情報）
- AMB_HTTP_ENDPOINT = "HTTP エンドポイント URL"（コンソール画面に表示される HTTP エンドポイント URL）
- AWS_DEFAULT_REGION = "ap-northeast-1"

AWS_DEFAULT_REGION は、後述の **aws-http-provider.js** 内で接続するリージョンを決める際に使用する環境変数になっています。この環境変数を設定しないとデフォルトで接続するリージョンが**米国東部（バージニア北部）：us-east-1** になります。AMB がサポートするリージョンで **us-east-1** 以外を使用する場合は設定するようにしてください。今回は**アジアパシフィック（東京）：ap-northeast-1** を使用するため **ap-northeast-1** を設定します。

Web3.jsスクリプトのファイル保存

以下のソースを **aws-http-provider.js** という名前で、**アクセスに必要な各パッケージのインストール**でパッケージをインストールする際に作成した任意のディレクトリに保存します。このサンプルコードは Web3.js を使用し HTTP 経由で EthereumAPI コールを行うためのコードです。これは **Amazon Managed Blockchain Documentation** で公開しているサンプルコードなので各自ドキュメントからコピーして保存してください。URL は以下になります。

Amazon Managed Blockchain Documentation/Ethereum Developer Guide（https://docs.aws.amazon.com/managed-blockchain/latest/ethereum-dev/ethereum-json-rpc.html）

```
/////////////////////////////////////////////////////
// Authored by Carl Youngblood
// Senior Blockchain Solutions Architect, AWS
// Adapted from web3 npm package v1.3.0
// licensed under GNU Lesser General Public License
// https://github.com/ethereum/web3.js
/////////////////////////////////////////////////////

import AWS from 'aws-sdk';
import HttpProvider from 'web3-providers-http';
import XHR2 from 'xhr2';

export default class AWSHttpProvider extends HttpProvider {
  send(payload, callback) {
    const self = this;
```

```
    const request = new XHR2(); // eslint-disable-line

    request.timeout = self.timeout;
    request.open('POST', self.host, true);
    request.setRequestHeader('Content-Type', 'application/json');

    request.onreadystatechange = () => {
      if (request.readyState === 4 && request.timeout !== 1) {
        let result = request.responseText; // eslint-disable-line
        let error = null; // eslint-disable-line

        try {
          result = JSON.parse(result);
        } catch (jsonError) {
          let message;
          if (!!result && !!result.error && !!result.error.message) {
            message = `[aws-ethjs-provider-http] ${result.error.message}`;
          } else  {
             message = `[aws-ethjs-provider-http] Invalid JSON RPC response from
host provider ${self.host}: ` +
              `${JSON.stringify(result, null, 2)}`;
          }
          error = new Error(message);
        }

        callback(error, result);
      }
    };

    request.ontimeout = () => {
        callback(`[aws-ethjs-provider-http] CONNECTION TIMEOUT: http request
timeout after ${self.timeout} ` +
          `ms. (i.e. your connect has timed out for whatever reason, check your
provider).`, null);
    };

    try {
```

```
      const strPayload = JSON.stringify(payload);
      const region = process.env.AWS_DEFAULT_REGION || 'us-east-1';
      const credentials = new AWS.EnvironmentCredentials('AWS');
      const endpoint = new AWS.Endpoint(self.host);
      const req = new AWS.HttpRequest(endpoint, region);
      req.method = request._method;
      req.body = strPayload;
      req.headers['host'] = request._url.host;
      const signer = new AWS.Signers.V4(req, 'managedblockchain');
      signer.addAuthorization(credentials, new Date());
      request.setRequestHeader('Authorization', req.headers['Authorization']);
      request.setRequestHeader('X-Amz-Date', req.headers['X-Amz-Date']);
      request.send(strPayload);
    } catch (error) {
       callback(`[aws-ethjs-provider-http] CONNECTION ERROR: Couldn't connect to
node '${self.host}': ` +
         `${JSON.stringify(error, null, 2)}`, null);
    }
  }
}
```

次に、以下のソースを **web3-example-http.js** という名前で上記サンプルコードと同じのディレクトリに保存します。このサンプルコードは **Web3.js** から **Ethereum JavaScript API** を呼び出すことができるコードになっています。
こちらも上記ドキュメントで公開しているサンプルコードです。

```
import Web3 from 'web3';
import AWSHttpProvider from './aws-http-provider.js';
const endpoint = process.env.AMB_HTTP_ENDPOINT
const web3 = new Web3(new AWSHttpProvider(endpoint));
web3.eth.getNodeInfo().then(console.log);
```

上記コードの **web3.eth.getNodeInfo()** の部分が Web3.js の Ethereum JavaScript API になっていますので、この部分を他の API に書き換えることで任意の機能の呼び出しが可能です。

Ethereum JavaScript APIの内容は以下のドキュメントで確認することができます。

web3.js - Ethereum JavaScript API（https://web3js.readthedocs.io/en/v1.3.0/index.html）

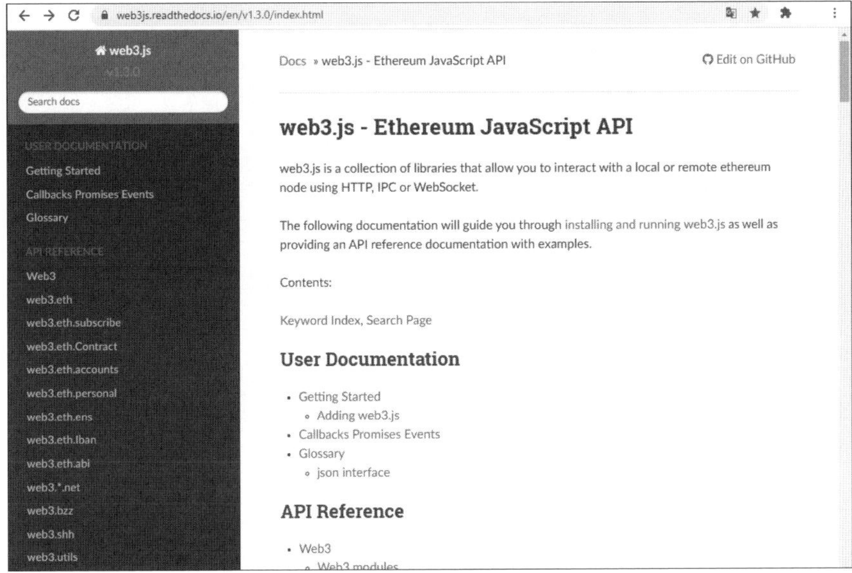

AMBにアクセスする：web3.js - Ethereum JavaScript API

スクリプトの保存の最後に以下のサンプルコードを上記と同様にディレクトリに保存します。このサンプルコードはECMAScriptモジュールのサポートを有効にするコードで**package.json**という名前で保存します。このサンプルコードはこちらも上記ドキュメントで公開しているサンプルコードです。

```
{
  "type": "module",
  "dependencies": {
    "aws-sdk": "^2.809.0",
    "web3": "^1.3.0",
    "xhr2": "^0.2.0"
  }
}
```

紹介した3つのスクリプトファイルを保存したディレクトリが以下のような状態になっていることを確認してください。

```
C:¥temp¥ethe-access>dir
 ドライブ C のボリューム ラベルは BOOTCAMP です
 ボリューム シリアル番号は 0246-9FF7 です

 C:¥temp¥ethe-access のディレクトリ

2021/06/13  18:06    <DIR>          .
2021/06/13  18:06    <DIR>          ..
2021/06/06  17:11             2,723 aws-http-provider.js
2021/06/12  19:27    <DIR>          node_modules
2021/06/12  19:27           120,347 package-lock.json
2021/06/06  17:16               126 package.json
2021/06/10  17:43             3,040 web3-example-http.js
               4 個のファイル             126,236 バイト
               3 個のディレクトリ  128,313,430,016 バイトの空き領域

C:¥temp¥ethe-access>
```

AMBにアクセスする：実行ディレクトリの状態

スクリプトの実行

いよいよ、スクリプトを実行し Ethereum へのアクセスを行います。以下のコマンドを実行します。

```
node web3-example-http.js
```

```
C:¥temp¥ethe-access>node web3-example-http.js
Geth/v1.10.1-stable-c2d2f4ed/linux-amd64/go1.16

C:¥temp¥ethe-access>
```

AMBにアクセスする：web3-example-http.jsの実行

この例ではGeth/v1.10.1-stable-c2d2f4ed/linux-amd64/go1.16という結果が表示されていることがわかります。これはEthereum JavaScript APIで「web3.eth.getNodeInfo()」を実行しノードの情報を取得した状態です。
いくつかのコマンドを試してみましょう。**web3-example-http.js**のweb3.eth.getNodeInfo()部分を書き換え実行します。

最新のブロック番号の取得
web3.eth.getNodeInfo().then(console.log);を、web3.eth.getBlockNumber().then(console.log);に書き換え実行します。

```
C:¥temp¥ethe-access>node web3-example-http.js
10428989

C:¥temp¥ethe-access>
```

AMBにアクセスする：最新のブロック番号の取得

この例では**10428989**というブロック番号が返ってきています。このコマンドを実行した時点でEthereumのパブリックテストネットであるRopstenには10428989のブロックがあり最新のブロック番号であるということです。

ブロック番号に一致するブロック情報を取得

web3.eth.getBlock(ブロック番号).then(console.log); に書き換え実行します。**ブロック番号**には、**最新のブロック番号の取得**で取得したブロック番号（10428989）を指定してみます。

```
C:¥temp¥ethe-access>node web3-example-http.js
{
  difficulty: '770514564',
  extraData: '0x737069646572313001020d6e',
  gasLimit: 8000000,
  gasUsed: 5070872,
  hash: '0xfcd554191d8259c2129eed988a357784df92157d45f7889104afadd935fccbc3',
  logsBloom: '0x0020000000000000000000000008002000000000000000000000000001000000000000000102
000040040000000000000000000000000002000000100001000004000002000000000000000000000080000
002000000108000000000000000000000000000000200000200000000000020800000000002000000000
000010040000000000000000020000800040000000000000000000000000000800000040000140000001000
010000000000004000000000000000000001080020000000000800000000000000020000000000000000000000
000400002000000001000000000200002000000000000081000000000000000000000000000000000000000000
000000000000',
  miner: '0x7c1Ce6A008EF40C13e4eB144A6cc74f0E0aeaC7E',
  mixHash: '0x3bbe03ad99c402e5b7d7b0a6657c0deaaa8ea35f46681a98ab591a510c9362f2',
  nonce: '0xd078dd222cdc05fe',
  number: 10428950,
  parentHash: '0x18dd7762e45f1da1cb320e798538d59a8d155fcfb44ee8d887c659f817f9a3c4',
  receiptsRoot: '0xaf556c61605ff7974dbf2b76dd0e682e74ce57b90d10921ca5a988b411ad23a8',
  sha3Uncles: '0x1dcc4de8dec75d7aab85b567b6ccd41ad312451b948a7413f0a142fd40d49347',
  size: 2032,
  stateRoot: '0xac699c337107eba6bcaa46398dace796ada8c4e2e8325923482fdcdce9d72892',
  timestamp: 1623576926,
  totalDifficulty: '33789008982091717',
  transactions: [
    '0xbd07670b8cdf77114e7c3401d98d3b3ca2d73d56587c134370aaefebe4dabb7e',
    '0x5dd2b63cde53621f7d0f78de7678de0c81c2091cd75b82905f28c1e3392729c6',
    '0x46b8c87ee2875d14ac5ca2ec02c7313e98fdf59fa72b82523227a0a6b9abfe19',
    '0x7a73d31b8ee3605b3a34476b512d21f1f2caee4bf42051260e981526435bcef3',
    '0xa0774d4b0dd5ab0eabf1ffc2c88c8c10eba68890e295294d4a3e57b02a901dc4',
    '0xa70acaaabba8c5c82209462f4f0e02444f555ad9e1aa68043f2f194ebd1040d5',
    '0x6020504e624da22736d8ebb01009a9991c332369c0338f2cd5b6137b60beccbc',
    '0xac321c2907442e1ca04fed219cdc18fc1b84685ce5d4c6a1a5a23b6dcadd298b'
  ],
  transactionsRoot: '0x7075c23d10dd6c15062880caaa9c6171386e558029f51b8a29ec10bf0ac798f
f'
,
  uncles: []
}

C:¥temp¥ethe-access>
```

AMBにアクセスする：ブロック番号に一致するブロック情報を取得

指定したブロックの情報が表示されます。ブロックの各情報は次のような情報になっています。

difficulty	ブロックを生成する難易度で以前のブロックの難易度とタイムスタンプから算出
extraData	ブロックに関連する32byte以下の情報を記録
gasLimit	ブロックで使用可能なGasの最大値 ※ Gas：マイナーへの作業コストに対する支払い単位
gasUsed	ブロックで全トランザクションに対して使われたGasの使用量
hash	ブロックを表すハッシュ値
logsBloom	ブロック内でトランザクションが実行され出力されたログをBloom Filter形式で記録したもので、付随するアカウント情報なども格納されている
miner	ブロックを生成したマイナーアカウントのアドレス
mixHash	ブロックでPoWの計算が十分に行われたことをnonceと合わせて証明するハッシュ値
nonce	mixHashと組み合わせて、このブロックでPoWの計算が十分に行われたことを証明するハッシュ値
number	ブロックのブロック番号（Genesisブロックの場合は値は0） ※ Genesisブロック：最初のブロック
parentHash	前のブロック（親ブロック）のブロックヘッダーのハッシュ値
receiptsRoot	ブロックに入っている全レシートをマークルパトリシアツリーに保存した際のルートのハッシュ値
sha3Uncles	ブロックのUncleブロックヘッダリストのハッシュ値 ※ Uncleブロック：ブロック生成時に同時期に生成されたブロック
size	ブロックのサイズ（byte）
stateRoot	ブロック内の全トランザクションが実行された状態をマークルパトリシアツリーに保存した際のルートのハッシュ値
timestamp	ブロックが生成されチェーンに取り込まれた時刻（Unixタイムスタンプ形式）
totalDifficulty	このブロック以前のブロック生成時の難易度の総和
transactions	ブロックに存在するトランザクションのハッシュ値の配列
transactionsRoot	ブロックに入っているトランザクションをマークルパトリシアツリーに保存した際のルートのハッシュ値
uncles	Uncleブロックのハッシュ配列

トランザクションハッシュに一致するトランザクション情報を取得

`web3.eth.getTransaction('トランザクションのハッシュ値').then(console.log);`
に書き換え実行します。**トランザクションのハッシュ値**には、**ブロック番号に一致するブロック情報を取得**で取得したブロック情報に含まれるトランザクションのハッシュ値を指定してみます。トランザクションのハッシュ値は`transactions`の配列に並んでいるハッシュ値のうちのひとつになります。

```
C:¥temp¥ethe-access>node web3-example-http.js
{
  blockHash: '0xd1660fd06a9c901c441ef3a79e1b14a6dbb0d65857632044b1bf8989513l021a',
  blockNumber: 10428989,
  from: '0xf[illegible]ff0',
  gas: 76165,
  gasPrice: '1000000000000',
  hash: '0xddc72a1fa659c8dd5e13d54893a5c727c4681634cbdb63b0717c34f9691ff2e0',
  input: '0x095ea7b3000000000000000000000000d10d2c2a57e7cbfbfda8b9cf7794ef34904bd3a600
00000000184f03e93ff9f4daa797ed6e38ed64bf6a1f0100000000000000000',
  nonce: 156,
  to: '0x2CF3fBAD1f2f346F4D0DD3B36Fc214BB43E55D63',
  transactionIndex: 0,
  value: '0',
  type: '0x0',
  v: '0x2a',
  r: '0x58e9c1dd4c1be8636fe4e6b38cb3cc8cd0b2cbc8f8bf42af7da45b5e8ca679ee',
  s: '0x3baa04199c22d803a20512121f7edc3ece7995e83940327c8c4140f7ffa47d95'
}

C:¥temp¥ethe-access>
```

AMBにアクセスする：トランザクションハッシュに一致するトランザクション情報を取得

指定したトランザクションの情報が表示されます。

3-2-4 Webウォレット(MetaMask)を使ってEthereumにアクセスする

MetaMaskを使って、Ethereumにアクセスしてみましょう。MetaMaskはブラウザで動かしたり、スマホにインストールして動かすことができる仮想通貨用のWebウォレットです。MetaMaskはいくつかのブラウザをサポートしていますが、ここではGoogle Chromeを使って試してみたいと思います。

Webウォレット(MetaMask)

Chromeへのインストール

Chrome の **chrome ウェブストア**で公開していますので、こちらからインストールを行います。**chrome ウェブストア**を開き検索エリアに **MetaMask** と入力すると、MetaMask が画面に表示されるのでクリックしインストール画面を開きます。

Chrome に追加をクリックし、遷移した画面で**ウォレットの作成**を選択します。パスワードの入力画面が表示されるので任意のパスワードを設定し、**作成**をクリックします。

シードフレーズのバックアップ画面が表示されますが、シードフレーズを使用する場合は任意で行ってください（シードフレーズはパスワードを忘れた時などに英単語のリストから単語の順番を指定して認証を行うフレーズです）。

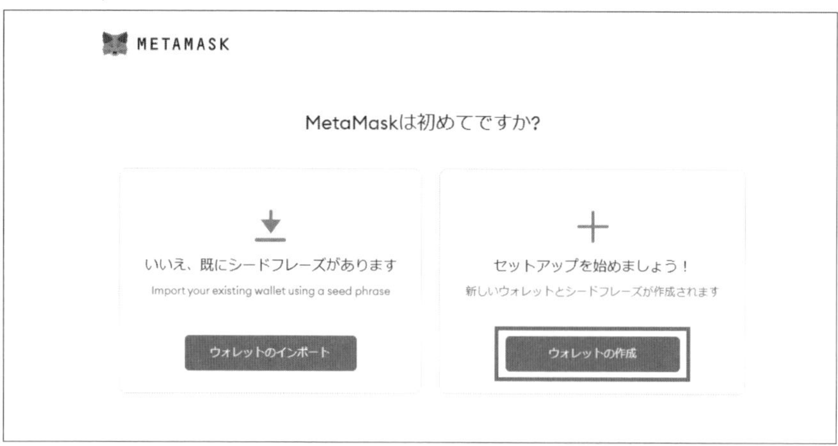

MetaMaskのインストール

MetaMaskでEthereumにアクセスする

インストールが完了すると、以下のような画面が表示されます。MetaMaskはChromeの拡張機能としてインストールされるので、使用する際にはChromeの拡張機能画面から呼び出すことができます。

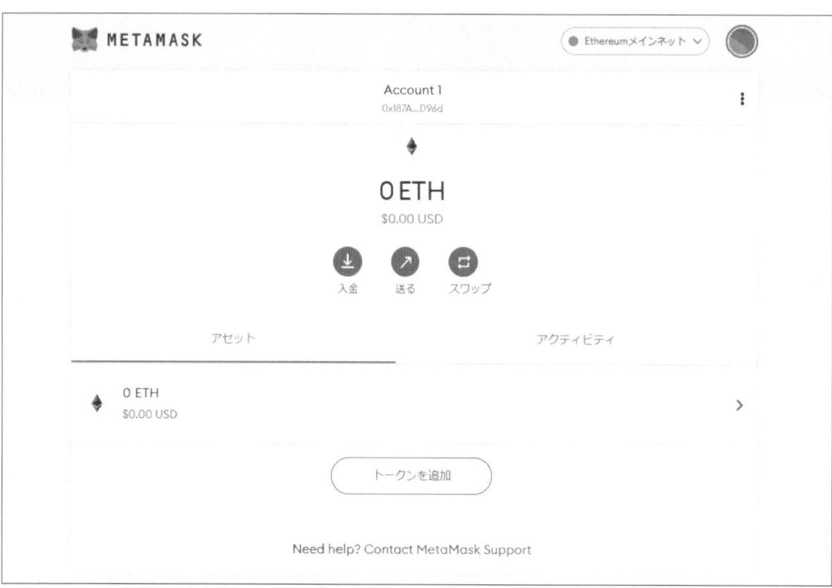

MetaMaskでEthereumにアクセスする

Account1 というアカウント名で、画面が表示されます。今回アクセスする Ethereum はテストネットの Ropsten なので、画面右上の選択画面から **Ropsten テストネットワーク**を選択します。

MetaMaskでEthereumにアクセスする（Ropstenの選択）

現時点ではこの Account1 には ETH がありません。**ETH** とは Ethereum での通貨の単位です。テストネットではテスト用の ETH をもらうことができるので、画面上の**入金**をクリックしテスト Faucet に入金のリクエストを送信します。

METAMASK

Etherを入金

MetaMaskで分散型アプリケーションを操作するには、ウォレットにEtherが必要です。

Etherを直接入金

Etherが既にあるなら、MetaMaskの新しいウォレットにEtherを送金することができます。

アカウントを表示

テストFaucet

Ropsten のFaucetでEtherを得ることができます。

Etherを取得する

Etherを入金

MetaMask Ether Faucet 画面で、**request 1 ether from faucet** をクリックしてリクエストを行います。

リクエストの送信

リクエストが通り入金処理が完了すると、入金のトランザクションのハッシュ値が表示され、1ETH の入金が完了していることが確認できます。

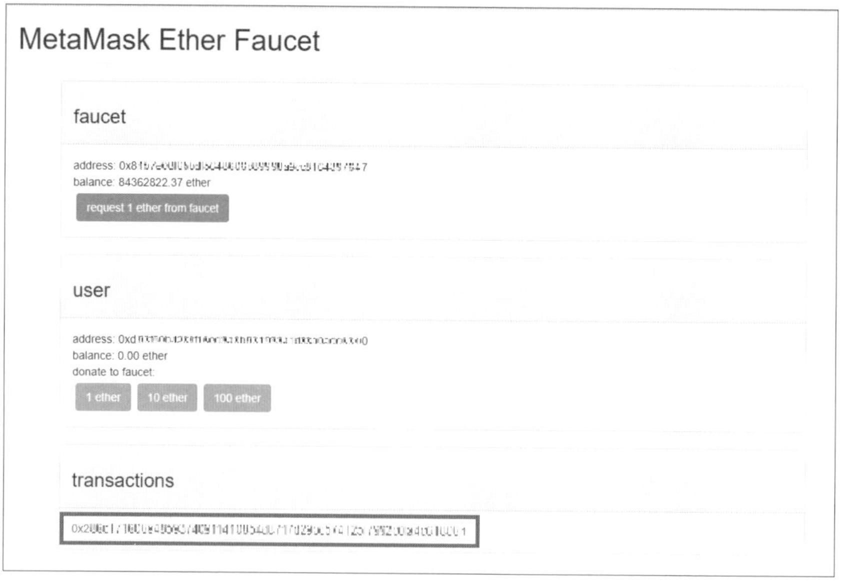

入金処理完了（1ETH）

入金処理完了（1ETH）

表示されたトランザクションのハッシュ値は、Web3.js でも確認することができます。**トランザクションハッシュに一致するトランザクション情報を取得**で行ったように、web3-example-http.js のリクエスト部分を web3.eth.getTransaction('トランザクションのハッシュ値').then(console.log); に書き換え実行します。**トランザクションのハッシュ値**に表示されたハッシュ値を指定します。

```
C:¥temp¥ethe-access>node web3-example-http.js
{
  blockHash: '0xd0e8[illegible]c97d0a4a3c3809fc655906988e454060ffa0',
  blockNumber: 10433931,
  from: '0x8[illegible]7',
  gas: 21000,
  gasPrice: '1000000000',
  hash: '0x2[illegible]a4c6180671',
  input: '0x',
  nonce: 37901910,
  to: '0xD5[illegible]0',
  transactionIndex: 10,
  value: '1000000000000000000',
  type: '0x0',
  v: '0x1b',
  r: '0x7[illegible]b486e5261286c',
  s: '0x6[illegible]2767ffee3af7'
}

C:¥temp¥ethe-access>
```

Web3.jsによるトランザクションの確認

トランザクションが含まれる**ブロック番号**（blocknumber）、トランザクションの**ハッシュ値**（hash）、ETH **の値**（value）などが確認できます。

Etherscanによるブロックチェーン情報の確認

Etherscan を使用し Ethereum のブロックチェーンの情報を確認します。

Etherscan（https://etherscan.io/）

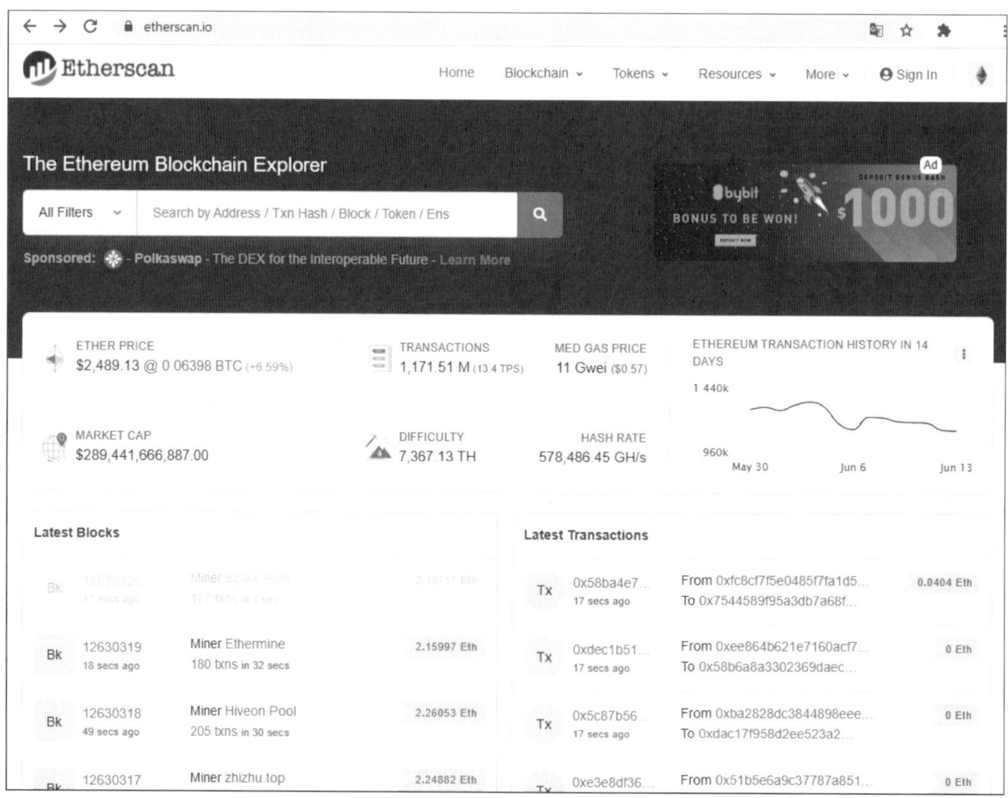

Etherscanによるブロックチェーン情報の確認：ブロックチェーン情報の確認

Etherscan は Ethereum のブロックやトランザクションの情報を検索することができるサイトです。自分の Ethereum アドレスを入力することで入出金の情報なども調べることができます。

Ethereum アドレスは **MetaMask で Ethereum にアクセスする**で作成したアカウント名の下に表示されている情報です。クリックするとアドレスがコピーされます。

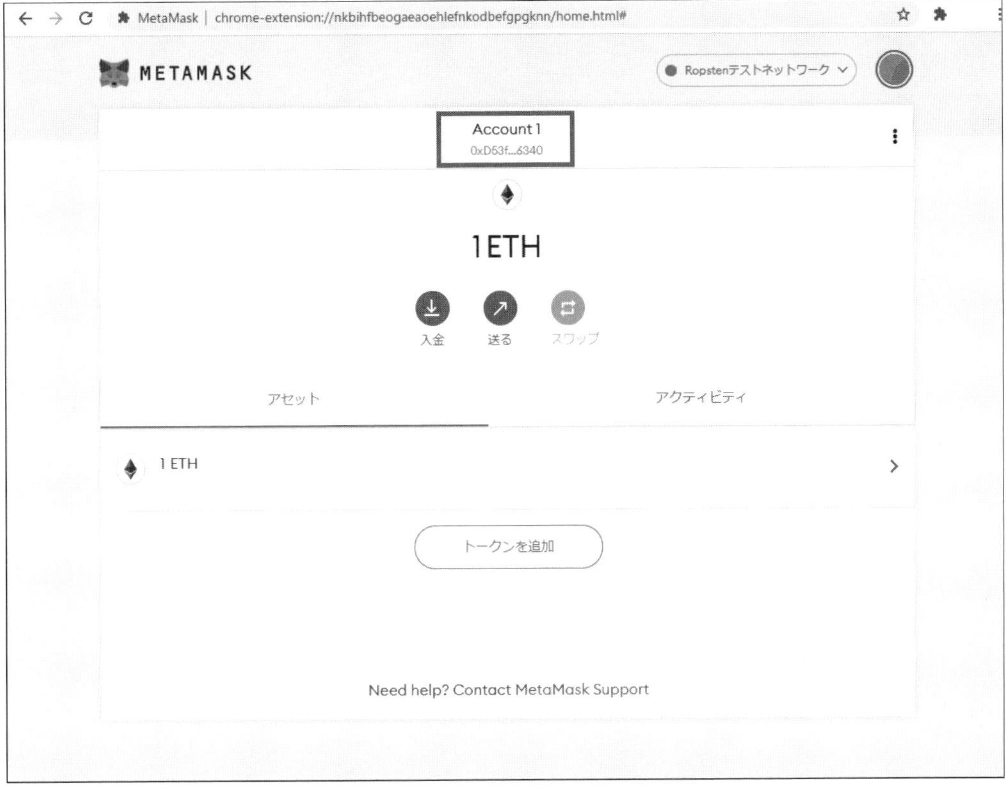

Etherscanによるブロックチェーン情報の確認：ブロックチェーン情報の確認-アドレスの取得

最新のブロック番号の取得で Web3.js で取得した最新のブロック番号を入力し、ブロック情報を確認してみます。

本書の例では **10428989** だったのでこの番号を入力し検索してみます。Etherscan の検索エリアにブロック番号を入力し、**検索ボタン**（**虫眼鏡ボタン**）をクリックします。

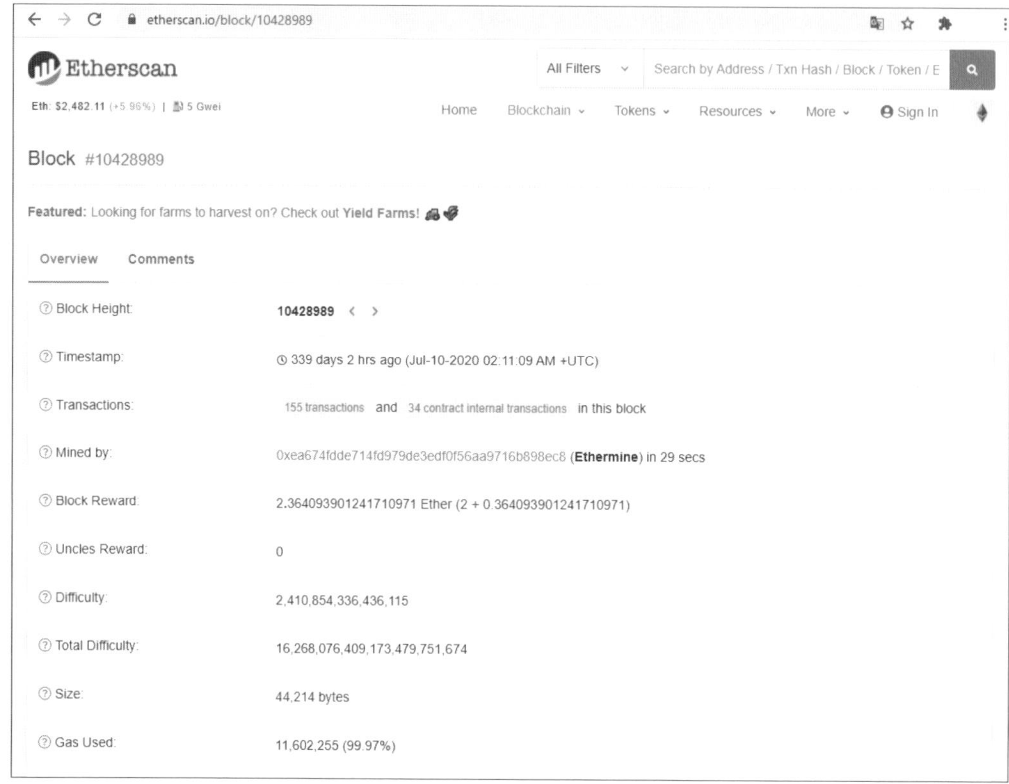

Etherscanによるブロックチェーン情報の確認：ブロックチェーン情報の確認-ブロック番号による検索

Web3.js で取得した際と同様の情報を確認することができます。

3-2-5 より実践的な使い方

この項では、より実践的なシステムを構築する際のヒントとなるような構築方法を紹介します。

Web3.jsの少し実践的な使い方

前述したWeb3.jsを使って、Ethereumにアクセスしてみましょう。この項ではEthereumにアカウントを作成し、このアカウントにETHを送るトランザクションを作成してみたいと思います。ETHの送信元アカウントは**3-2-4 Webウォレット（MetaMask）を使ってEthereumにアクセスする**で作成したアカウント**Account1**にしたいと思います。

Web3.jsの少し実践的な使い方：MetaMaskで作成したアカウント

このアカウントはEtherの入金を何度か行い、現在は6ETHを持っている状態です。入金は**購入→ Etherの取得→ request 1 ether from faucet**で行っています。

アカウントの作成

それでは早速、上記ETHを受け取るアカウントをWeb3.jsを使って作成します。アカウントの作成は以下のスクリプトを実行し行います。アカウント作成で返却される**アドレス**（address）と**秘密鍵**（privateKey）は後ほどETHを受け取りトランザクションを作成する際に使いますので、大切に保存してください。

req_create.js

```
import Web3 from 'web3';
import AWSHttpProvider from './aws-http-provider.js';
const endpoint = process.env.AMB_HTTP_ENDPOINT
const web3 = new Web3(new AWSHttpProvider(endpoint));

// アカウントの作成
const account = web3.eth.accounts.create();
console.log(account);
```

このコードは、前述したサンプルコード（web3-example-http.js）をカスタマイズしたものです。アカウント作成後のアカウント情報を`console.log`によって標準出力に出力されます。保存のため以下のようにリダイレクトで出力先ファイル名（この例では「account.txt」）を指定して実行します。

```
node req_create.js > account.txt
```

実行後、実行ディレクトリにできた出力結果のファイルを確認し、次のような出力結果となっていればアカウントの作成は成功です。

req_create.js、実行結果

```
{
  address: '0x49XXXXXXXXXXXXXXXXXXXXXXXXXXXXXXXXXXEBD5',
  privateKey: '0x0XXXXXXXXXXXXXXXXXXXXXXXXXXXXXXXXXXXXXXXXXXXXXXXXXXXXXXXXXXXXXXXX4ac',
  signTransaction: [Function: signTransaction],
  sign: [Function: sign],
  encrypt: [Function: encrypt]
}
```

ファイル内の address、privateKey がそれぞれアドレス、秘密鍵になります（上記のファイル内容は、address、privateKey をマスクした状態です）。

ETH残高の確認

作成したアカウントの ETH の残高を確認します。以下のスクリプトを実行すると指定したアカウント（アドレス）の ETH 残高を取得することができます。

req_getbalance.js

```
import Web3 from 'web3';
import AWSHttpProvider from './aws-http-provider.js';
const endpoint = process.env.AMB_HTTP_ENDPOINT
const web3 = new Web3(new AWSHttpProvider(endpoint));

const account1 = '0x49XXXXXXXXXXXXXXXXXXXXXXXXXXXXXXXXXXXEBD5';
const privateKey1 = '0x0XXXXXXXXXXXXXXXXXXXXXXXXXXXXXXXXXXXXXXXXXXXXXXXXXXXXXXXXXXX
XXX4ac';

// ETH 残高の取得
web3.eth.getBalance(account1)
.then(console.log);
```

スクリプト内に const で定義してある address1 と privateKey1 は、作成したアカウントのアドレスと秘密鍵の情報になります。
以下のコマンドでスクリプトを実行します。

```
node req_getbalance.js
```

結果は 0 と返ってくると思います。ETH 残高は 0 であるということです。

トランザクションの作成

次にETHを送信するトランザクションの作成を行います。AMBは署名付きのトランザクションのみを受け付ける仕様になっているので、送信元の秘密鍵を使用しトランザクションに署名を行った後、署名つきのトランザクションのリクエストを送ります。

req_sendtransaction.js

```
import Web3 from 'web3';
import AWSHttpProvider from './aws-http-provider.js';
const endpoint = process.env.AMB_HTTP_ENDPOINT
const web3 = new Web3(new AWSHttpProvider(endpoint));

const account1 = '0x49XXXXXXXXXXXXXXXXXXXXXXXXXXXXXXXXXXXEBD5';
const privateKey1 = '0x0XXXXXXXXXXXXXXXXXXXXXXXXXXXXXXXXXXXXXXXXXXXXXXXXXXXXXXXXXXXX
XXX4ac';

const account2 = '0x76XXXXXXXXXXXXXXXXXXXXXXXXXXXXXXXXXXXA165';
const privateKey2 = 'e27dXXXXXXXXXXXXXXXXXXXXXXXXXXXXXXXXXXXXXXXXXXXXXXXXXXXXXXXXXX
15ed';

var signTransactionInfo = () => {
    var TxInfo = {
        from: account2,
        gasPrice: "500000000",
        gas: "500000",
        to: account1,
        value: "100000000000000000",
        data: "",
        chain: 'ropsten',
        hardfork: 'petersburg'
    }
    // トランザクションへの署名
    web3.eth.accounts.signTransaction(TxInfo, privateKey2)
        .then(function(signedTxInfo) {
        console.log(signedTxInfo.rawTransaction);

        // トランザクション送信

        web3.eth.sendSignedTransaction(signedTxInfo.rawTransaction)
            .then(console.log)
            .catch(console.log);
    });
};
signTransactionInfo();
```

スクリプト内の`address`と`privateKey`が追加されているのがわかると思います。これは前述したMetaMaskで作成したアカウントのアドレスと秘密鍵になります。MetaMaskのアカウントのアドレス情報は、MetaMask画面のアカウント部分をクリックするとクリップボードにコピーされます。

Web3.jsの少し実践的な使い方：MetaMaskアカウントのアドレス情報取得

また、秘密鍵の情報は画面右のメニュー表示マークをクリック、**アカウントの詳細**を選択します。

Web3.jsの少し実践的な使い方：MetaMaskアカウントの秘密鍵情報取得

以下のような画面が表示されたら**秘密鍵のエクスポート**を選択します。これで**秘密鍵**を取得することができます。

Web3.jsの少し実践的な使い方：
MetaMaskアカウントの秘密鍵情報取得

以下の画面でアカウントのパスワードを入力し、確認をクリックすると画面上に秘密鍵が表示されます。クリックしコピーします。

Web3.jsの少し実践的な使い方：MetaMaskアカウントの秘密鍵情報取得-秘密鍵のエクスポート

スクリプト内の **signTransactionInfo** には、署名を行うトランザクションの情報を設定しています。設定内容は以下の通りです。

`from: account2,`	ETH送信元アドレス（MetaMaskで作成したアカウントのアドレス）
`gasPrice: "500000000",`	トランザクションによって設定されたgasの価格
`gas: "500000",`	トランザクションによって提供されるgas
`to: account1,`	ETH受信アドレス（Web3.jsで作成したアカウントのアドレス）
`value: "100000000000000000",`	送信するETH（0.1ETH）
`data: "",`	任意のデータ（設定なし）
`chain: 'ropsten',`	テストネット、Ropstenの指定
`hardfork: 'petersburg'`	ハードフォークの指定

`signTransactionInfo` で設定したトランザクション情報に `signTransaction` で署名を行います。その際、privateKey2 に設定した送信元の秘密鍵を設定しています。署名されたトランザクション情報は `signedTxInfo` に返ってくるので、`signedTxInfo.rawTransaction` を `sendSignedTransaction` で送信します。
以下のコマンドでスクリプトを実行します。

```
node req_sendtransaction.js
```

スクリプトを実行すると以下の通り実行結果が返ってきます。

```
C:¥temp¥ethe-access>node req_sendtransaction.js
0xf86c80841dcd65008307a120944913bfdac801e2a718348e580a3d54800e8febd588016345785d8a0000
802aa0ddc6a7059cf2edc0a005beac78bd482f299863752f2361759ee0ca8cdb324f7aa01d17c486edcd01
8b80ff7cde45b74937b1beabfa90ee10684e7b084ca840432e
{
  blockHash: '0xdfde9bee5bd7d4529c80ae1311aa00e8006490694168fcbbc328186d024909d9',
  blockNumber: 10514745,
  contractAddress: null,
  cumulativeGasUsed: 99305,
  effectiveGasPrice: '0x1dcd6500',
  from: '0x7[illegible]165',
  gasUsed: 21000,
  logs: [],
  logsBloom: '0x0000000000000000000000000000000000000000000000000000000000000000000000
00000000000000000000000000000000000000000000000000000000000000000000000000000000000000
00000000000000000000000000000000000000000000000000000000000000000000000000000000000000
00000000000000000000000000000000000000000000000000000000000000000000000000000000000000
00000000000000000000000000000000000000000000000000000000000000000000000000000000000000
00000000000000000000000000000000000000000000000000000000000000000000000000000000000000
000000000000',
  status: true,
  to: '0x4[illegible]d5',
  transactionHash: '0xfe11ace33a82b4cc0a087f8ae1c60b7f4ec3fdfae5be6b0f916d2028352d58cc
',
  transactionIndex: 3,
  type: '0x0'
}

C:¥temp¥ethe-access>
```

Web3.jsの少し実践的な使い方：トランザクションの作成-実行結果

実行結果には、from には送信元（MetaMask で作成したアカウント）のアドレス、to には受信先（Web3.js で作成したアカウント）のアドレスが表示されていることが確認できると思います。これで ETH が先ほど作成したアカウント（Web3.js で作成したアカウント）に移動しているはずです。ETH 残高の確認をしてみましょう。以下のスクリプトを実行します。

```
node req_getbalance.js
```

```
C:¥temp¥ethe-access>node req_getbalance.js
1000000000000000000

C:¥temp¥ethe-access>
```

Web3.jsの少し実践的な使い方：ETH送信後の残高確認-受信先

ETH の残高が増えていることが確認できると思います。また、送信元である MetaMask 側のアカウントの ETH の残高も確認してみましょう。MetaMask を実行しアカウントにログインします。

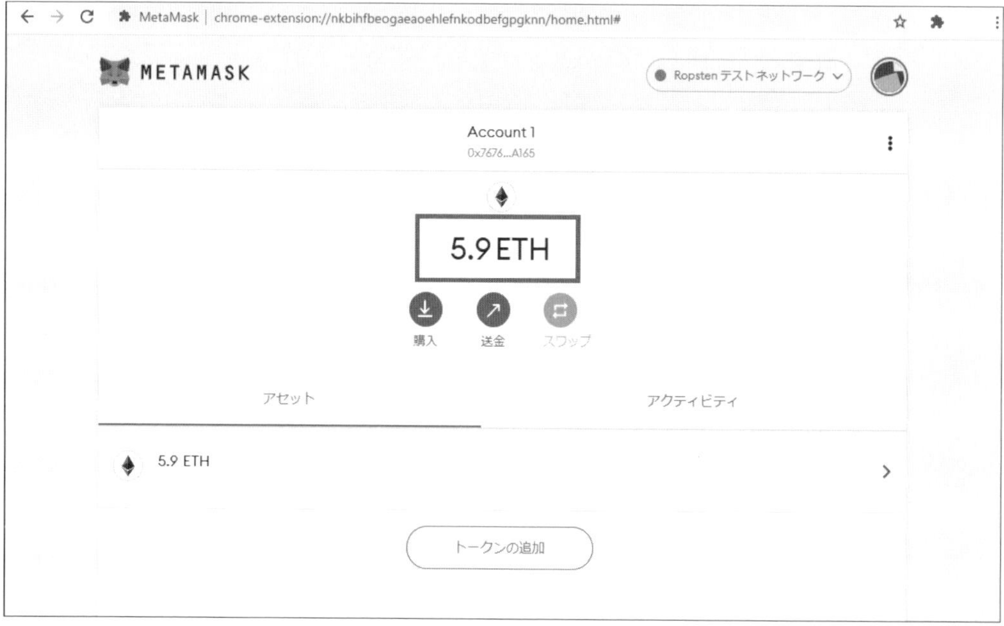

Web3.jsの少し実践的な使い方：ETH送信後の残高確認-送信元

ETH の残高が減っていることが確認できます。また、MetaMask から Etherscan にアクセスし詳細な内容を確認してみましょう。画面右のメニュー表示マークをクリック、**Etherscan で表示**を選択します。

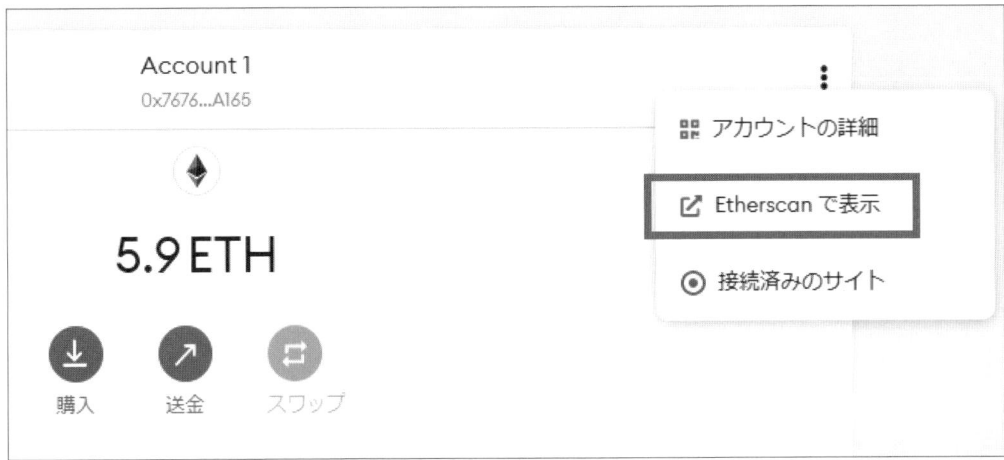

Web3.jsの少し実践的な使い方：ETH送信後の残高確認-送信元-Etherscan表示

すると、Etherscan の画面を表示することができます。

Etherscan
Ropsten Testnet Network
All Filters
Search by Address / Txn Hash / Block / Token / Ens
Home Blockchain Tokens Misc Ropsten
Address
Overview
Balance: 5.8999895 Ether
More Info
My Name Tag: Not Available
Transactions
Latest 7 from a total of 7 transactions
Txn Hash Method Block Age From To Value

Web3.jsの少し実践的な使い方：ETH送信後の残高確認-送信元-Etherscan表示

Balanceの値が減っています。画面上の**OUT**と表示されたトランザクションが今回実行したETH送信のトランザクションの情報になります。Toのアドレスに対して、Value（0.1ETH）が送信されたことを示しています。

From		To	Value	Txn Fee
0x7[illegible]...	OUT	0x4[illegible]...	0.1 Ether	0.0000105
0x81[illegible] ...	IN	0x75[illegible] ...	1 Ether	0.000021209999
0x81[illegible] ...	IN	0x75[illegible]...	1 Ether	0.000021209999

Web3.jsの少し実践的な使い方：ETH送信後の残高確認-送信元-Etherscan表示

Remix-ideを使って簡単なコントラクトを作成

この項では簡単なコントラクトを作成し、Ethereumにデプロイし実行してみましょう。**Remix-ide**はEthereumのコントラクトを開発する**IDE（統合開発環境）**です。**Solidity言語**をしようしWebブラウザ上でコントラクトのコーディング、コンパイル、ブロックチェーンへの登録を行うことができます。Remix-ideはローカルPCへのインストールも可能です。

Remix-ideにアクセスする

以下のURLにアクセスするとWebブラウザ上に開発環境が起動します。

Remix-ide（https://remix.ethereum.org）

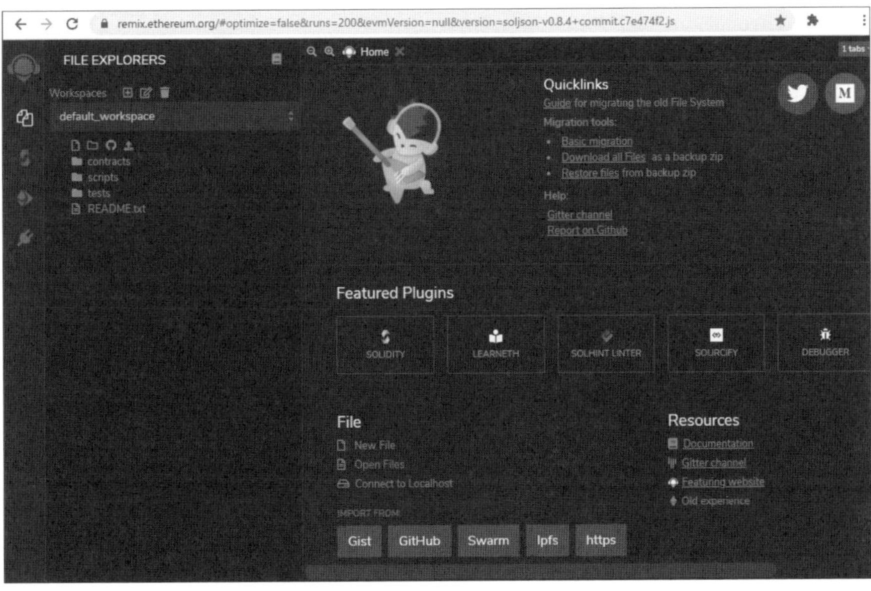

Remix-ideを使って簡単なコントラクトを作成：Remix-ide画面

Remix-ide が起動したら、画面左の **DEPLOY & RUN TRANSACTIONS** をクリックし環境設定を行います。DEPLOY & RUN TRANSACTIONS 画面内の **ENVIRONMENT** 部分をクリックし、**Injected Web3** を選択します。

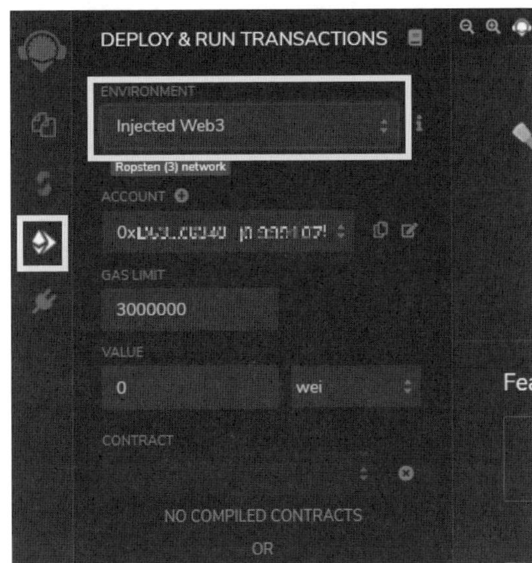

Remix-ideを使って簡単なコントラクトを作成：
Injected Web3の選択

これは、Remix-ide に Web3 プロバイダーに接続する設定を行っているものです。この設定を行うと MetaMask のロック解除画面が表示されるのでパスワードを入力してロックを解除し、接続します。

Remix-ideを使って簡単なコントラクトを作成：MetaMaskロック解除

MetaMask との接続が完了すると、**ACCOUNT** のエリアに MetaMask で作成したアカウントのアドレスが表示されていることが確認できると思います。

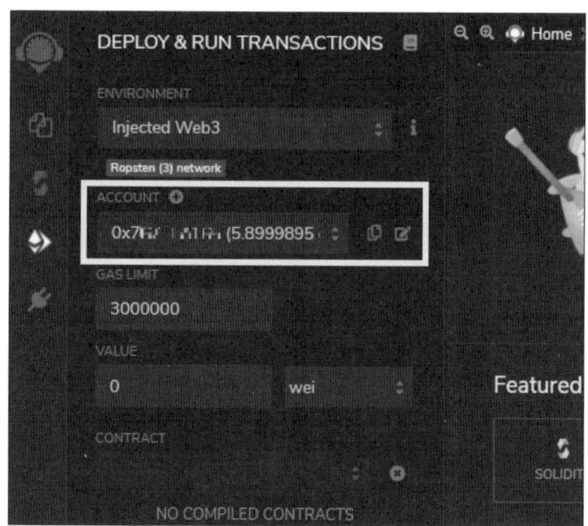

Remix-ideを使って簡単なコントラクトを作成：
MetaMask接続 アドレス表示

コントラクトのビルド

コントラクトを実行してみましょう。ここではRemix-ideに準備されているサンプルをコンパイルし実行してみたいと思います。Remix-ideの**FILE EXPLORERS**を選択し、フォルダの**contracts**をクリックするといくつかのサンプルソースが表示されます。**1_Storage.sol**を選択します。

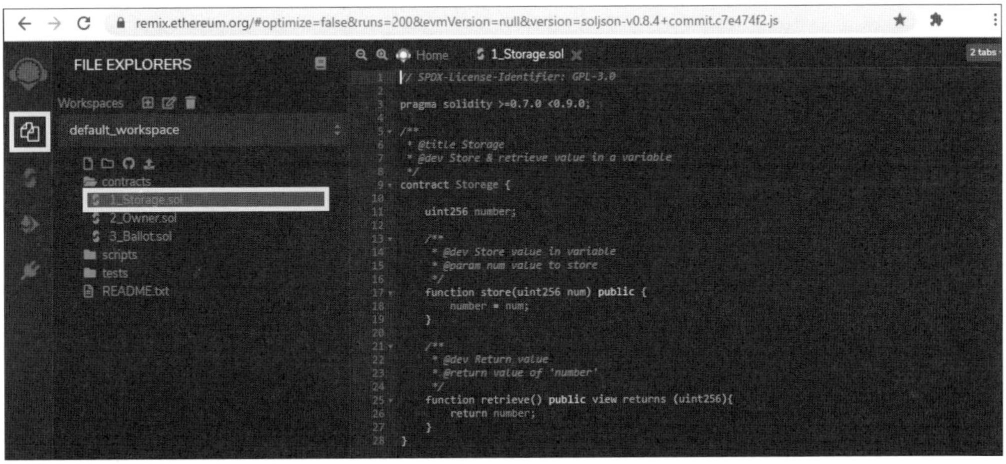

Remix-ideを使って簡単なコントラクトを作成：サンプルソースの選択

コントラクトは、Ethereum用のSolidity言語で記述されています。拡張子は.solです。Solidity言語の詳細については割愛しますが、Java言語などの記述と類似するところがあることがわかると思います。

```
// SPDX-License-Identifier: GPL-3.0

pragma solidity >=0.7.0 <0.9.0;

/**
 * @title Storage
 * @dev Store & retrieve value in a variable
 */
contract Storage {

    uint256 number;

    /**
```

```
     * @dev Store value in variable
     * @param num value to store
     */
    function store(uint256 num) public {
        number = num;
    }

    /**
     * @dev Return value
     * @return value of 'number'
     */
    function retrieve() public view returns (uint256){
        return number;
    }
}
```

このサンプルコードは**storeメソッド**で引数の値をnumber変数にセットし、**retrieveメソッド**でnumberの値を返します。

SOLIDITY COMPILERを選択し、コンパイルを行います。SOLIDITY COMPILER画面にはコンパイラーのバージョン選択、使用する言語の選択などがありますが、このままの設定で**Compile 1_Storage.sol**をクリックしコンパイルを開始します。

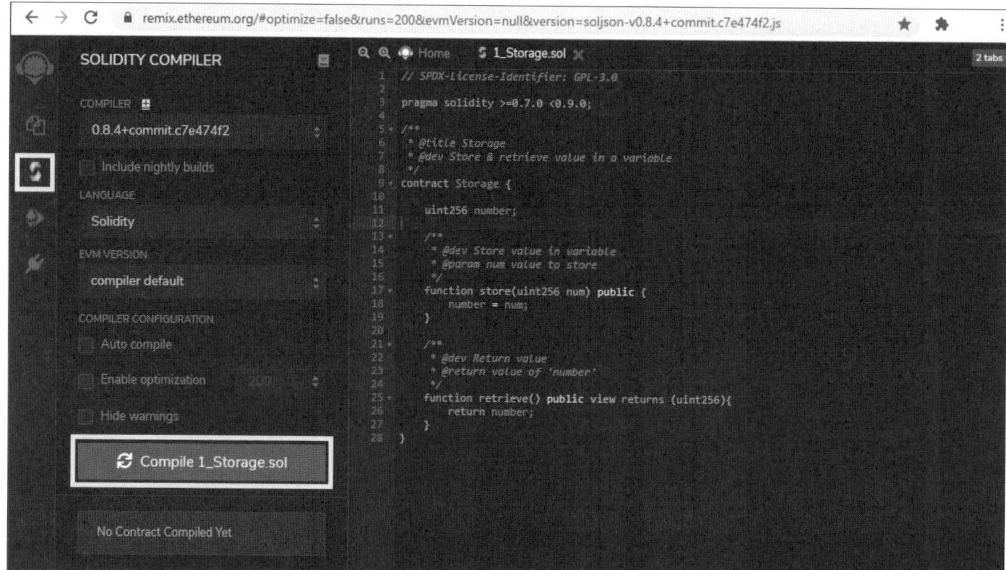

Web3.jsの少し実践的な使い方：ETH送信後の残高確認-送信元

コンパイルが完了すると、CONTACTのエリアに画面のようなボタンが表示されます。

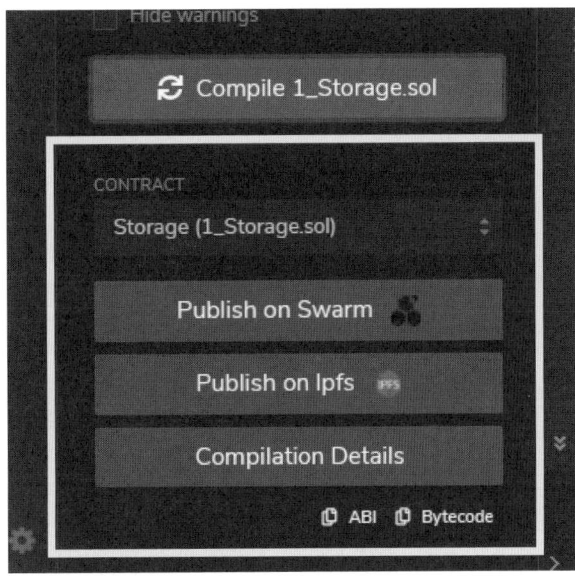

Remix-ideを使って簡単なコントラクトを作成
サンプルソースのコンパイル成功

コンパイルに失敗すると、以下のような画面が表示されます。

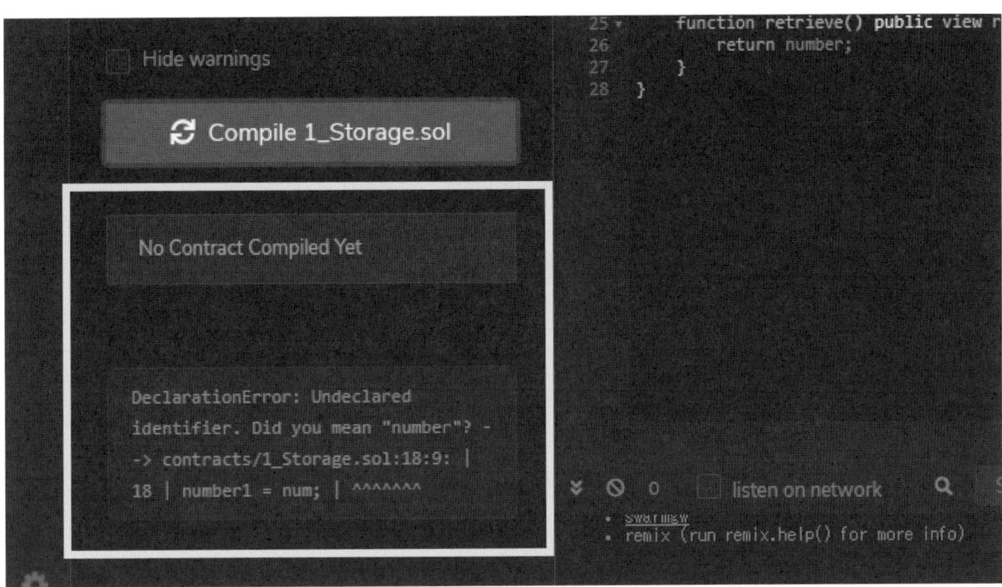

Remix-ideを使って簡単なコントラクトを作成：サンプルソースのコンパイル失敗

DEPLOY & RUN TRANSACTIONS 画面に移動し、コントラクトをデプロイします。デプロイ先は **ENVIRONMENT** で選択している **Injected Web3** になります。MetaMask で作成したアカウントのアドレスにデプロイされます。**Deploy** をクリックします。

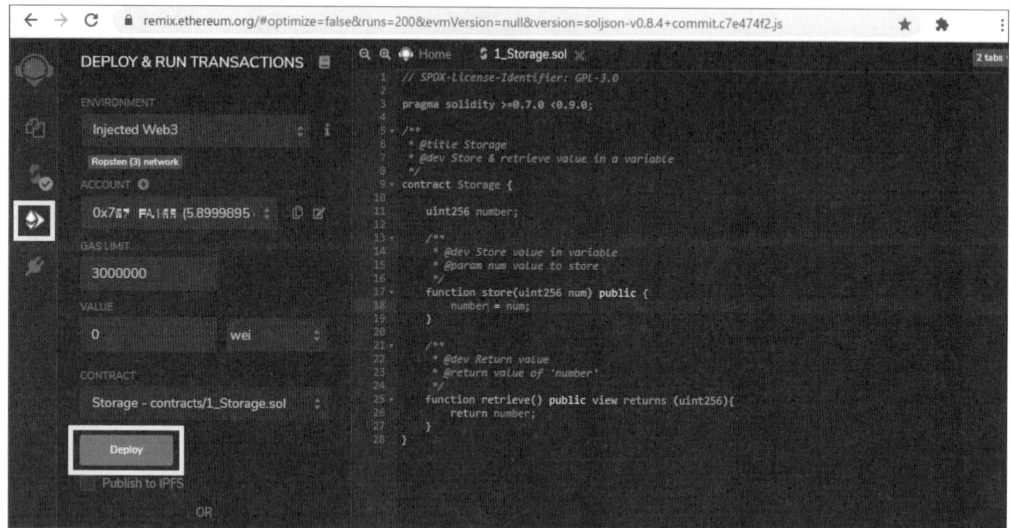

Remix-ideを使って簡単なコントラクトを作成：サンプルソースのデプロイ

デプロイ先の MetaMask の確認画面が表示されます。この画面にはコントラクトのデプロイにかかる費用などの情報が表示されますが、そのまま**確認**をクリックします。

Remix-ideを使って簡単なコントラクトを作成
サンプルソースのデプロイ-MetaMask確認

デプロイに成功すると**DEPLOY & RUN TRANSACTION**画面の**Deployed Contracts**にデプロイしたコントラクトの確認画面が表示されます。

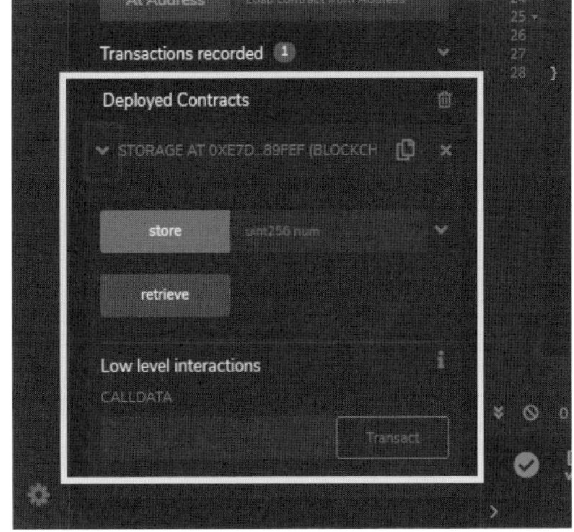

Remix-ideを使って簡単なコントラクトを作成：
サンプルソースのデプロイ成功

Etherscanでデプロイされたコントラクトのトランザクションを確認してみます。MetaMaskの画面右のメニュー表示マークから**Etherscanで表示**をクリックしEtherscanを表示します。一番上にある新しいトランザクションがデプロイしたコントラクトのトランザクションです。

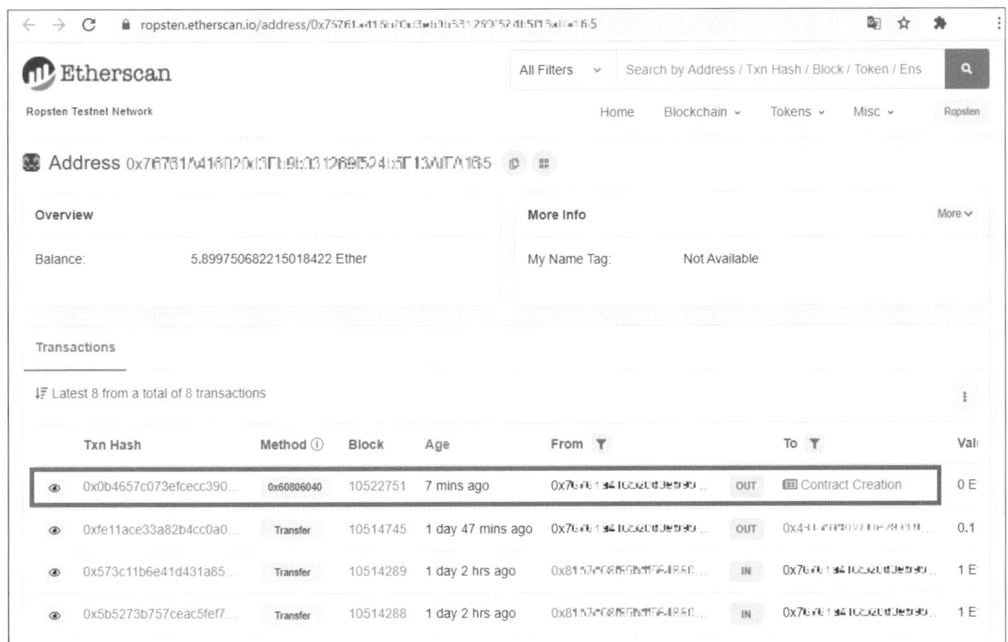

Remix-ideを使って簡単なコントラクトを作成：サンプルソースのデプロイ成功-Etherscan

トランザクションハッシュ（Txn Hash）をクリックするとトランザクション情報の詳細が表示されます。

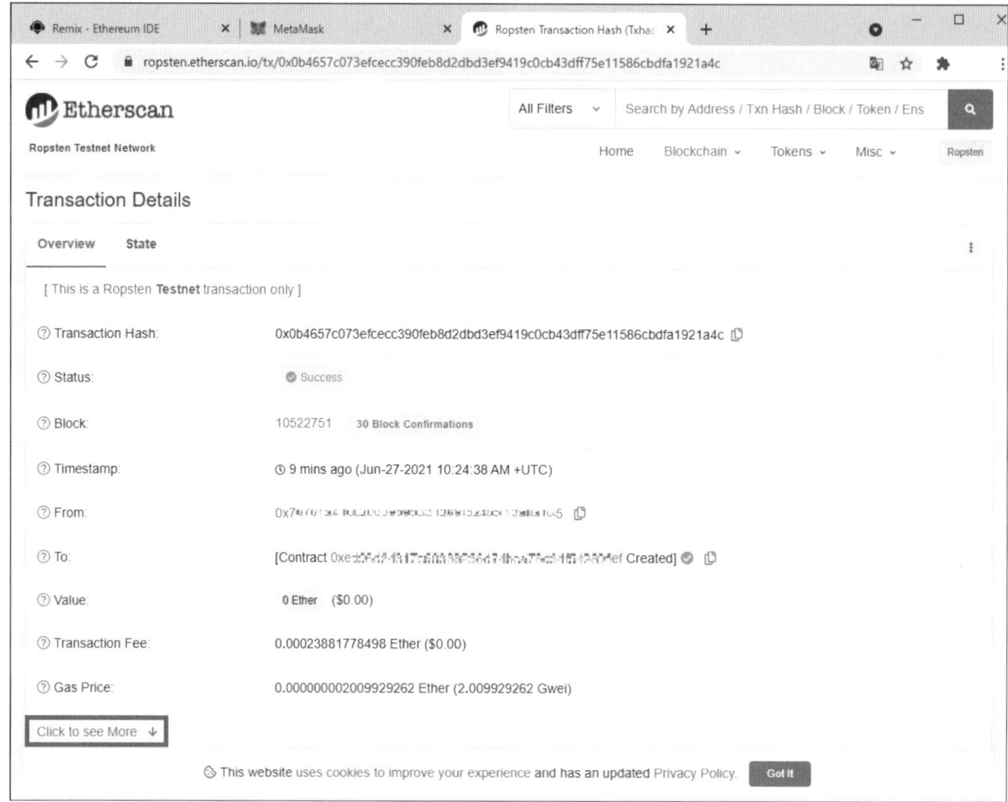

Remix-ideを使って簡単なコントラクトを作成：サンプルソースのデプロイ成功-Etherscan-トランザクション詳細

また、画面下の **Click to see More** をクリックすると、デプロイしたコントラクトの情報も確認することができます。

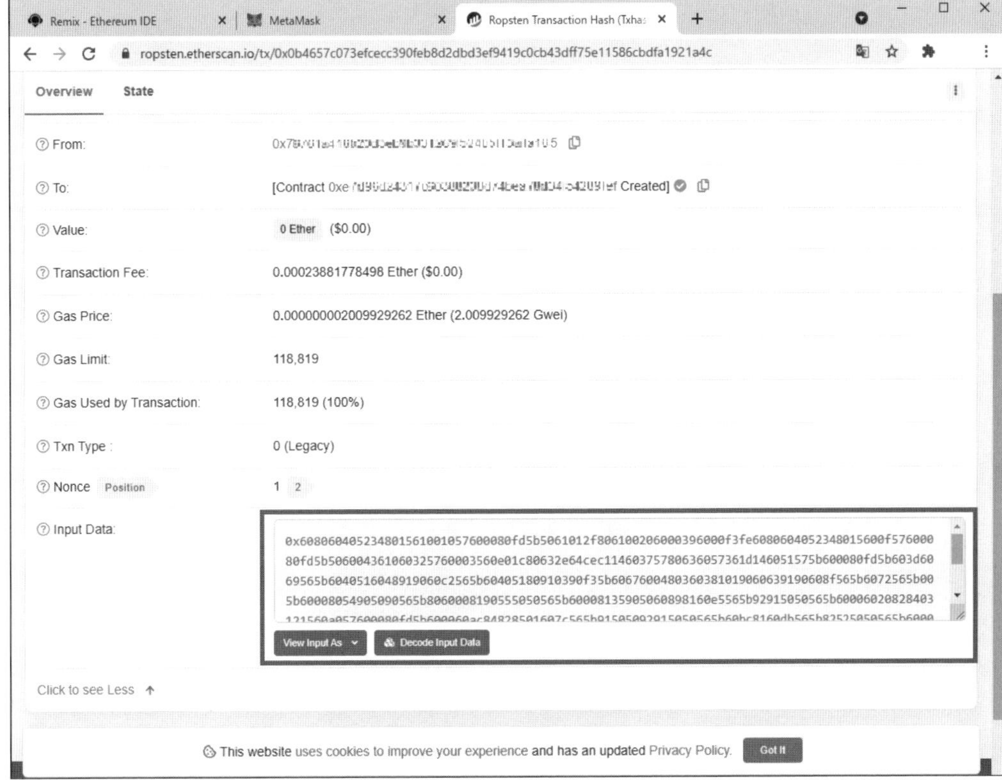

Remix-ideを使って簡単なコントラクトを作成：サンプルソースのデプロイ成功-Etherscan-コントラクト情報の表示

コントラクトを実行してみます。

DEPLOY & RUN TRANSACTIONS 画面の **Deployed Contracts** に表示されている **store** の右エリアに数字を入力し **store** をクリックすると MetaMask の確認画面が表示されます。

コントラクト実行の費用の確認ですので、そのまま**確認**をクリックします。

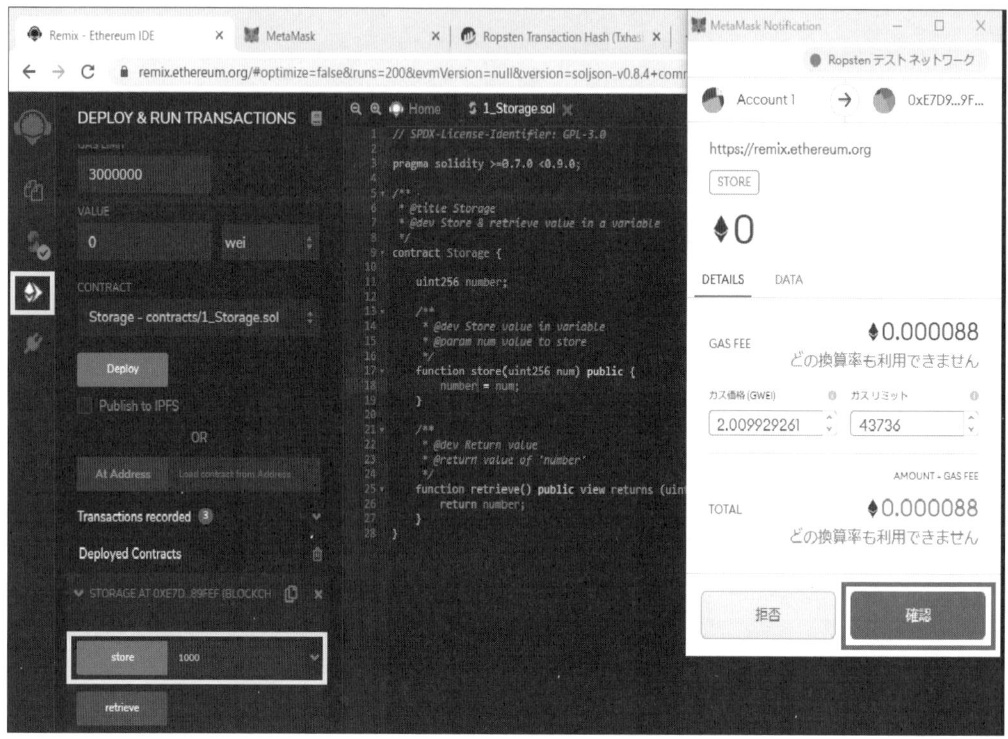

Remix-ideを使って簡単なコントラクトを作成：コントラクトの実行（store）

Etherscan で実行されたコントラクトを確認してみます。再び Etherscan を表示し、一番上にある新しいトランザクションを確認します。

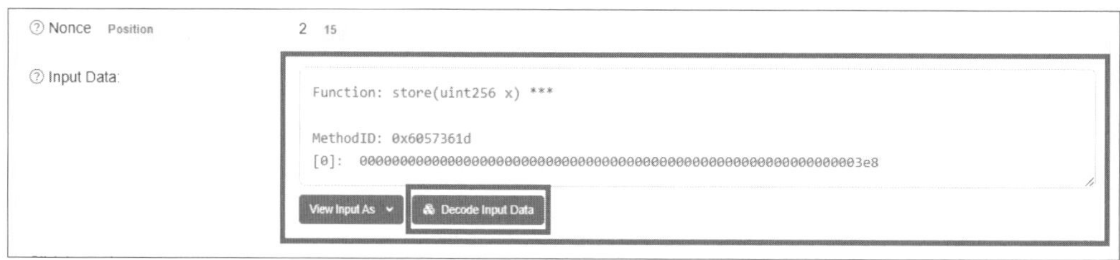

Remix-ideを使って簡単なコントラクトを作成：コントラクトの確認-Etherscan

Decode Input Data をクリックすると、渡ってきているデータがデコードされて表示されます。ここでは1000と入力したので、uint256タイプで1000という値を受け取ったことが確認できます。

Nonce Position 2 15

Input Data:

#	Name	Type	Data
0	x	uint256	1000

Switch Back

Click to see Less

Remix-ideを使って簡単なコントラクトを作成：コントラクトの実行-Etherscan

retrieve をクリックし **store** でセットした値を取得することができることを確認します。**DEPLOY & RUN TRANSACTIONS** 画面の **Deployed Contracts** に表示されている **retrieve** をクリックします。
1000という値が返ってきていることが確認できます。

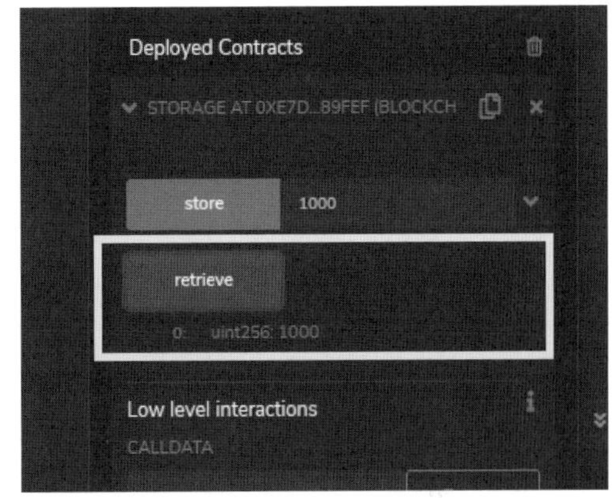

Remix-ideを使って簡単なコントラクトを作成：
コントラクトの実行（retrieve）

今回実行したサンプルソースはとても簡単なものでしたが、Solidityはバージョンアップを重ね、より実用的なプログラムが作成できるようになってきています。
以下がSolidityドキュメントのURLになります。みなさんも以下のドキュメントなどを参考にいろいろなことを試してみてください。

Solidity ドキュメント v0.8.6 2021.6 現在（https://docs.soliditylang.org/en/v0.8.6/）

コラム

ビジネスブロックチェーンを支える技術 – APIアーキテクチャー

ブロックチェーンのAPIのアーキテクチャーについては、独自なものから既存の枠組みに沿ったものまで様々です。ここではよく使われるREST APIとJSON-RPCについて紹介します。

REST API

REST APIはRESTという考え方に基づいて作られた、一般にWebシステム向けのAPIという意味です。ただし、最近は初期のRESTという考え方にこだわらずにREST APIという用語で語られることが多くなってきているため、利用者としてはWeb APIの一種という理解で構いません。
REST APIを提供するという時、そのソフトウェアはWebサーバーのように動作しますので、利用者はURL(URI)の形式で操作対象のリソースを指定し、method(GET/POST等)で操作内容を指定するのが一般的です。データを送受信する時は最近はJSON形式を利用する場合が多いようです。
ブロックチェーンソフトウェアのREST APIも大半がJSON形式を使用しています。

JSON-RPC

JSON-RPCはREST APIでは表現することが難しいような、複雑なAPIを実現したい場合に向いています。REST APIではAPIのコール側はURLとmethodをサーバーに投げてHTTPステータスコードと(必要であれば)JSON形式の返答を待ちますが、JSON-RPCでは、送信受信両方をJSON形式で行います。一見REST APIよりも枠組みとしてシンプルなように見えますが、実例としてはまだ多くはなく、ブロックチェーンソフトウェアのような比較的新しいソフトウェアでの採用が目立ちます。

Chapter 3-3

アプリケーション設計とブロックチェーン

1
2
3
4

3-3-1 概要

ここでは、ビジネスブロックチェーンを使用したアプリケーションを開発するにあたり必要となる設計プロセスのポイントを説明します。
設計例としては、主にRablockの節で取り上げた健康ポイントシステムを取り上げます。

- 健康ポイントシステムについてはRablockのデモアプリケーションのセットアップで概要を簡単に紹介しています。Rablockおよびそのデモセットアップを読み飛ばしている場合は、読み進める前に、概要を確認しておくようにしてください。
- 実際の健康ポイントシステムはアジャイル開発モデルを採用して開発されたのですが、ここでは理解しやすくするため従来型の開発モデルに則した順番で説明します。

3-3-2 計画段階

ビジネスブロックチェーンとのマッチング

ブロックチェーンは複数の技術が組み合わさった複合技術です。そのためビジネスシステムに適用するにあたり、その全ての技術要素を盛り込んだものを考えると途端にどこから手をつけていいかわからなくなります。まずどの切り口から適用していくかを考える必要があります。

現在のブロックチェーンとビジネスのマッチングにおいては、主に2つの流れが見られます。一つは**KYC(Know Your Customer)**ソリューションにブロックチェーンを活用するというものです。すなわち、暗号資産の取引に用いられる確実な本人確認の技術を応用します。もう一つは、セキュアなデータストアとしてのブロックチェーンに注目したもので、暗号資産の確実な保管技術を応用しようとするものです。
いずれにもソフトウェアなどが整いつつありますが、ここではよりポピュラーな後者、データの安全な保管という側面に注目していきます。これは、シンプルに**セキュアなデータベース**として既存のデータベースの代替として考えていくことができるためです。すなわち、データベースが必要となるシステム全てで、ブロックチェーンを導入できるチャンスがある、とストレートに考えることができるでしょう。
特に以下のような場合は、アプリケーション開発の計画段階において、ブロックチェーンの導入を検討してください。

- **データセキュリティ**
  データセキュリティがキーワードになっているシステムにおいては、それが新規システム開発であれ既存システム強化であれ、ブロックチェーンが重要なファクター足りえます。

- **可用性**
  新規にシステムを立ち上げる際に、その可用性をなるべく高めたい場合は、ブロックチェーンをデータベースとして利用することで、従来のデータベースクラスタリングと比べてコストを削減することができます。

- **データ改ざん**
  いったんデータストアに入ったデータに対し、改ざん耐性を付けられるのは、ブロックチェーンの独擅場です。

ただし、次のようなものが必要な場合はブロックチェーンの利用が向かない場合があります。追々その緩和策も示していきます。

● 応答性

応答性を要求されるシステム、トランザクション数を秒間で数えるようなシステムでは、ブロックチェーンのアルゴリズムによるデータセキュア化にかかる時間がネックとなり、思うようなスピードが出ないことがあります。

● 同期性

それぞれのノード間での同期速度は、一般的なデータベースのレプリケーションと較べてかなり低速であり、分単位の時間がかかります。ロードバランサーで負荷分散を行う場合には注意が必要となります。

● SQL 依存性

強い SQL 依存性のある既存システムにおいては、ドキュメント指向データベースや KVS を利用する、ブロックチェーンへの移行が困難な場合があります。

健康ポイントシステムでのブロックチェーン導入の検討

健康ポイントシステムにおいては、システム内で仮想的な通貨である健康ポイントを扱います。そのため万が一にもデータが改ざんされる等の不正が起きないように、ブロックチェーンの利用が必須と考えられました。

また、本アプリケーションについてはデモアプリケーションあるいは人数を絞った PoC という性格上、可用性については特に考えなくても良いという判断になりました。

一方、応答性についてはブロックチェーンだけでは確保できない可能性が高く、SQL データベースを併用することで対応することにしました。

同期性については、可用性の目標レベルが高くないことから、特定の 1 ノードにアクセスを限定することで、問題を回避できるようになります。新規アプリケーションであることから、既存システムで発生する可能性のある、SQL 依存性の問題は発生しないこととなりました。

3-3-3 要件定義段階

計画段階でブロックチェーンを使う可能性が出てきて、その後開発することになった場合、要件定義段階に移ります。

データ改ざんに対する耐性を高める必要があるか

ブロックチェーンをセキュアなデータベースと捉えた場合に、要件定義段階で**データベースのデータ改ざんに対する耐性を（できる限り）高めること**が要件に含まれている必要があるといえます。すなわちセキュリティに対する要求水準の確認を行うことが、他の開発案件と異なる、このプロセスにおける肝となります。

データの可用性を高める必要があるか

新規開発案件の場合、データの可用性を高めるためにブロックチェーンのデータ分散を用いることができる場合があります。ただし、計画段階にて前述したように応答性や同期性で問題となるかどうか検討が必要となります。
応答性については、Rablockは、トランザクションを一旦プールするためのトランザクションプールを備えており、短時間ピークを作るようなトランザクションに耐える構造になっています。しかし、恒常的に高いトランザクションが発生するようなシステムには他のプライベートブロックチェーンシステム同様適用しづらくなっています。
同期性については、Rablockは標準的な方法で最短1分間隔での同期にまで対応しています。しかし実際に同期が完了する時間はトランザクション量やネットワークスピードに依存します。一般的な業務システムにおいて、ロードバランサーで利用者のトラフィックを振り分けるだけの場合は、数分のラグは許容範囲内である場合が多いですが、ヒアリングにおいて確認が必要となります。

健康ポイントシステムの要件定義

健康ポイントシステムの**要求定義（ヒアリング）**では、次のような目標が示されました。

- 健康ポイントを貯めることにより、利用者の健康増進に寄与すること
- PC やスマートフォンからインターネット経由でアクセス可能であること
- クラウドサービス (IaaS) に設置可能であること
- 複数の利用者で利用可能であること
- 利用者登録は利用者が自分で行えること
- 仮想的な通貨である健康ポイントを扱うことから、データの安全性を高める施策がなされること
- 万歩計の歩数入力でポイントが貯められるようにすること
- 施設利用等で QR コードを読み込むことにより、ポイントが貯められるようにすること
- 施設は管理者が登録できること
- 毎月抽選に利用者が応募できること
- 抽選は管理者が行い、当選者はプレゼントを受け取れること
- 利用者は自分の、管理者は全員のポイント付与履歴が見られるようにすること

その結果、まとめられた要件定義はおおむね次のようになりました。

アプリケーション機能一覧

大分類	小分類	備考
新規利用者登録	ユーザーIDとパスワードは設定必須	
利用者	ログイン	ユーザーIDとパスワードを入力
	プロフィール	登録情報を修正
	履歴	以下の履歴が参照可能 ・健康ポイント ・ウォーキングポイント ・抽選応募ポイント ・抽選結果
	QRコードをスキャン	施設のQRコードをスキャンするとポイントがもらえる
	歩数入力	入力した歩数によりポイントがもらえる
	抽選	月に一回抽選に応募できる
	ログアウト	
管理者	ログイン	
	利用者一覧	履歴(利用者ごと) 抽選
	利用者ごとの履歴	以下の履歴が参照可能 ・健康ポイント ・ウォーキングポイント ・抽選応募ポイント・抽選結果
	施設一覧	QRコード(施設ごと) 履歴(施設ごと) 編集(施設ごと) 削除(施設ごと) 施設新規登録
	施設ごとのQRコード	施設のQRコードを印刷できる
	施設ごとの履歴	
	施設新規登録	
	施設編集	新規と同等
	施設削除	新規と同等
	ログアウト	

開発環境および動作環境

開発環境		動作環境	
使用言語	JDK 1.11	ランタイム	JRE 1.11
フレームワーク	Spring Boot		
開発環境	Spring Tool Suite		
デザインパターン	MVC		
開発モデル	アジャイル開発モデル		
OS	任意	OS	CentOS 8等
RDBMS	PostgreSQL	RDBMS	PostgreSQL
Blockchain	Rablock DE	Blockchain	Rablock SE

3-3-4 設計段階

健康ポイントシステムの設計

健康ポイントシステムにおいて機能別の分類と対応するコードは、次のように設計されています。

※SpringBootが提供している機能と、htmlファイルによる画面テンプレートは除きます。

分類1	分類2	実際のコード
コントローラー →controller以下に格納	ログイン機能 →controller/login以下に格納	controller/login/LoginController.java
		controller/login/config/AdminSecurityConfig.java
		controller/login/config/UserSecurityConfig.java
	管理者機能 →controller/admin以下に格納	controller/admin/AdminCheckController.java
		controller/admin/AdminController.java
		controller/admin/AdminLotteryController.java
		controller/admin/FacilityController.java
		controller/admin/PassController.java
	利用者機能 →controller/user以下に格納	controller/user/ChartController.java
		controller/user/LotteryController.java
		controller/user/QRController.java
		controller/user/UserController.java
		controller/user/WalkingController.java
PostgreSQL DB接続 →db以下に格納	エンティティクラス →db/entity以下に格納	db/entity/Facility.java
		db/entity/UserAccount.java
		db/entity/UserInfo.java
		db/entity/UserPoingSummary.java
		db/entity/WalkPoint.java
	リポジトリクラス →db/repository以下に格納	db/repository/FacilityRepository.java
		db/repository/UserAccountRepository.java
		db/repository/UserInfoRepository.java
		db/repository/UserPointSummaryRepository.java
		db/repository/WalkPointRepository.java
	サービスクラス →db/service以下に格納	db/service/FacilityService.java
		db/service/UserAccountService.java
		db/service/UserInfoService.java
		db/service/UserPointSummaryService.java
		db/service/WorkPointService.java

Rablock 接続 →rablock以下に格納	ブロックチェーンデータストアへのインターフェース	rablock/BC.java
	プロパティ操作	rablock/RablockProp.java
	Rablock操作	rablock/SendBlockChain.java
認証 →security以下に格納	HTTPユーザー認証処理	security/HttpAuthenticator.java
プロパティ →prop以下に格納	propertyファイルの値を取得する	prop/GetPropaties.java
汎用処理 →common以下に格納	共通処理の定義クラス	common/Common.java
	データを設定するクラス	common/DataSet.java
	日付/時刻処理クラス	common/DateTime.java
	DB接続チェッククラス	common/DbCheck.java
	ポイント取得クラス	common/PointGet.java
汎用定数 →constitem以下に格納	定数クラス(各デモ共通)	constitem/Constants.java
	定数クラス(健康ポイント)	constitem/Health.java
	抽選Enumクラス	constitem/LotteryEnum.java
	抽選ステータスクラス	constitem/LotteryStatus.java
	URLの定義クラス	constitem/MappingURL.java
	メッセージの定義クラス	constitem/Message.java
	Rablockタイプの定義クラス	constitem/RablockType.java
ドメイン →domain以下に格納	訪問データ	domain/VisitData.java
	ウォーキング	domain/Walking.java
		domain/DispChart.java
	抽選	domain/Lottery.java
		domain/LotteryResult.java
		domain/DispLotteryResult.java
	一覧	domain/HealthPointList.java
	データ同期	domain/Sync.java

新規開発におけるブロックチェーンへの接続設計

健康ポイントシステムは、実際の機能の中核であるcontroller、PostgreSQL接続を行うdb、Rablock接続を行うrablockの3つが、主要な機能となります。

ブロックチェーン接続を行う場合、従来のDBアクセスインターフェース(db)と同等のブロックチェーンアクセスインターフェース(rablock)の実装が必要となります。

新規で開発を行う際には、このように既存のRDBMS接続インターフェースと同レベルにブロックチェーンの接続インターフェースを配置するよう設計することをお勧めします。

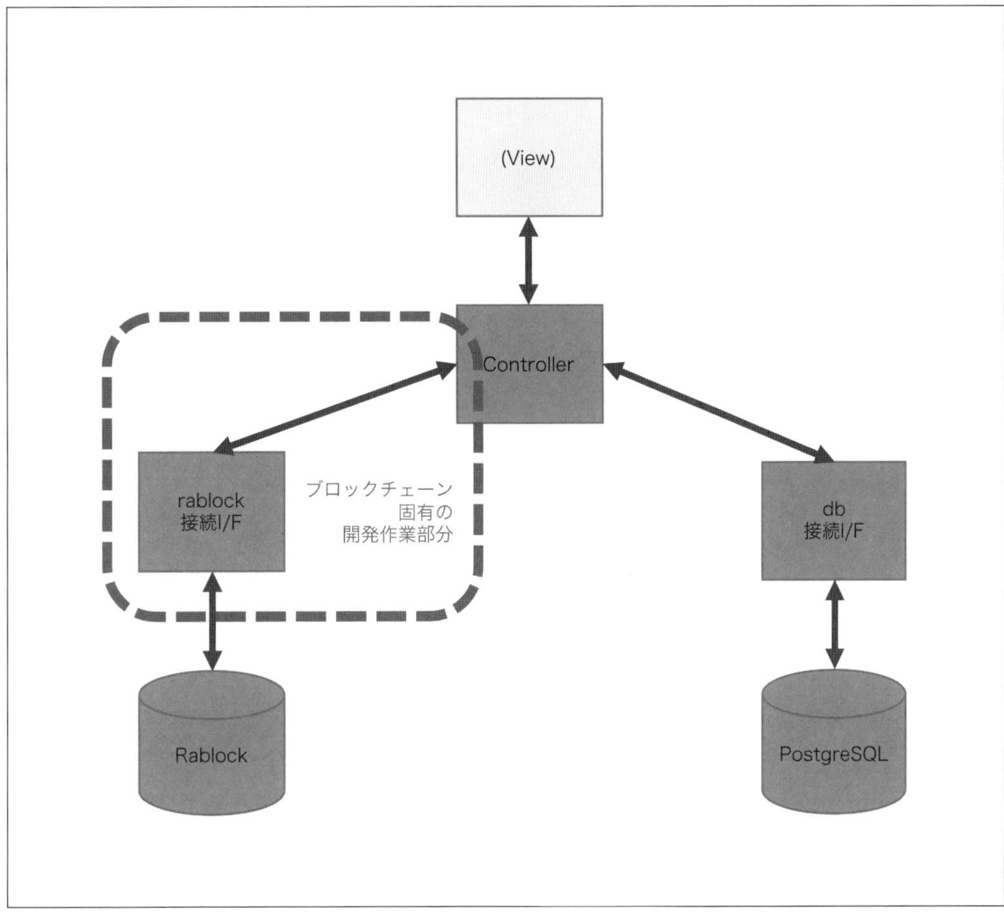

Blockchain接続I/Fの実装

既存システムにブロックチェーンを加える際の設計方針

既存のシステムにブロックチェーンへのデータ保存機能を加える際の設計方針は、次のようなものがあります。

- 同時アクセス型
- 変換サービス型
- ネイティブ型

上から下に行くにしたがって開発規模が大きくなりますが、制限の少ないものとなります。既存システムの要件と付き合わせて、開発タイプを決めていく必要があるでしょう。

同時アクセス型

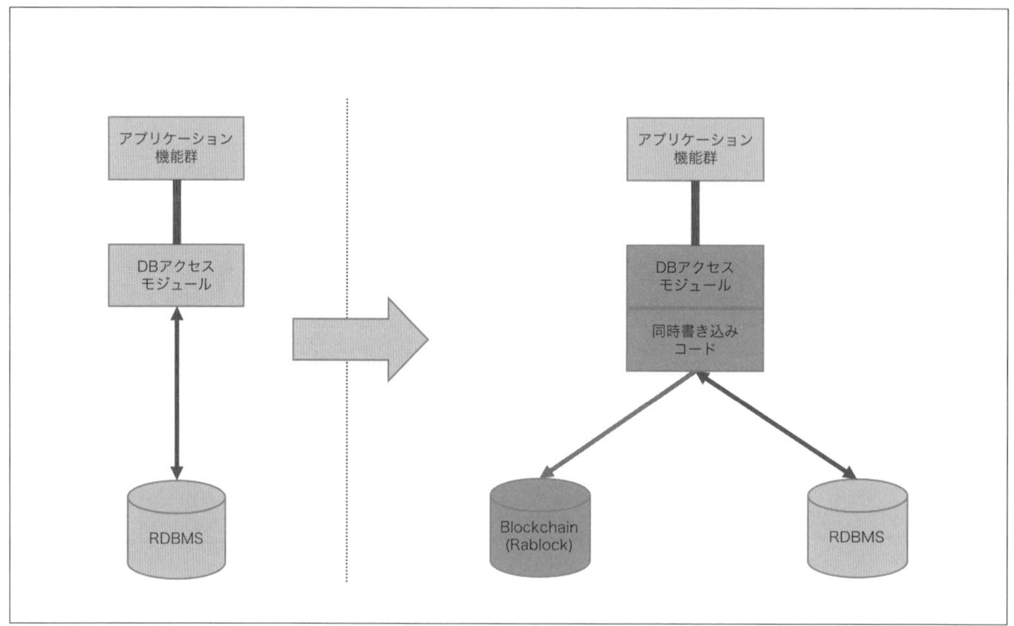

同時アクセス型

DB アクセスモジュールのみを改修し、既存 DB への**操作(生成・更新・削除)**を全てブロックチェーンに同時に書き込んでいきます。
ブロックチェーンに蓄積されるのは、監査ログという扱いになり、改ざん検知は RDBMS と Rablock のデータを突合する別のアプリケーションを開発して対応します。また改ざんデータの修正を行うにも RDBMS 側にブロックチェーン側のデータを反映させる、独自のアプリケーションが必要になります。
更新および削除については、元々の DB アクセスモジュールがアプリケーション機能群に提供しているインターフェースのできによっては上手く表現できない場合があります。
また、同時に書き込むようになるので DB のトランザクションスピードがブロックチェーンに律速されます。

データの容量が小規模であり、改ざんの修正までは不要か、即座の巻き戻しが不要な環境に適しています。

変換サービス型

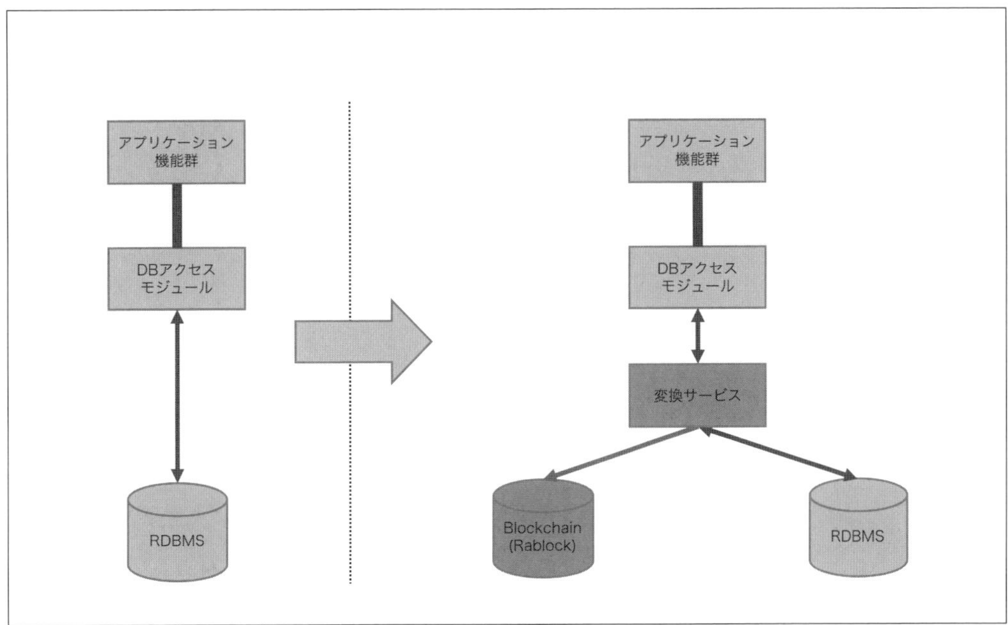

変換サービス型

アプリケーション本体には一切手を加えずに、RDBMSからブロックチェーンへのデータ変換サービスを別途開発するものです。DBアクセスモジュールからはRDBMSではなく変換サービスに接続し、変換サービスからRDBMSに接続します。
同時アクセス型と比べると、変換サービスにデータプール機能を持たせた場合、DB性能の劣化を抑制することができます。しかし構造がやや複雑化するため作業量は増大します。
改ざん検知、改ざん修正がブロックチェーン本体だけでできないのは同時アクセス型と同じです。
IOTデバイスの監視システムのデータ蓄積など、トランザクション量が多い場合に適していると言えます。

ネイティブ型

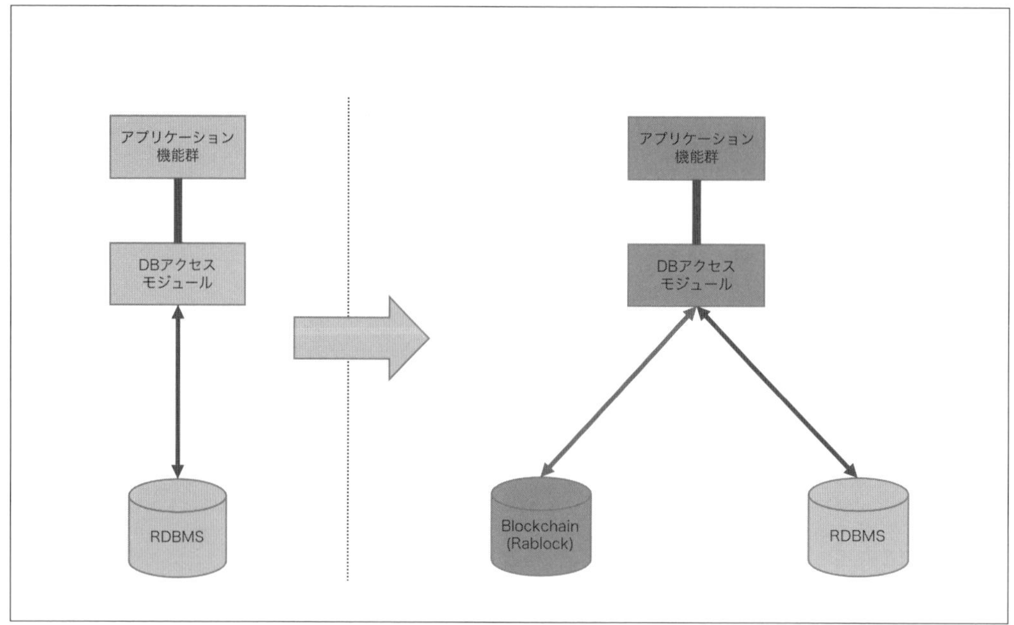

ネイティブ型

ブロックチェーンに完全に対応する方法です。DB アクセスモジュールだけではなく、DB にアクセスするアプリケーション機能群もブロックチェーンを考慮した改修をします。開発工数は最も多くなりますが、制限はほとんどなくなります（ブロックチェーンに対するトランザクションスピードも考慮したものとなります）。

ブロックチェーンと RDBMS で重複するデータはなく、ブロックチェーン本体の改ざん検知／改ざん修正機能も動作します。

本来のスピード、改ざん耐性を得るには、このタイプを選択する必要があります。

Chapter 4

ビジネスブロックチェーンの更なる体験

ここまでビジネスブロックチェーンの実装として、Rablock と Amazom Managed Blockchain を紹介しました。またビジネスブロックチェーンシステムを設計する上で鍵となるポイントについても説明しています。
ここでは、より多くのビジネスブロックチェーン実装に触れていただくため、近年になって存在感を増してきている Hyperledger プロジェクトと、同プロジェクトが扱うブロックチェーン向けソフトウェアについて紹介していきます。

Chapter 4-1
Hyperledgerプロジェクト

Hyperledger プロジェクトは、**The Linux Foundation** が運営する、ビジネスブロックチェーンのフレームワーク、ツール、ライブラリなどを開発するオープンソースの一大コミュニティです。単一のブロックチェーンスイートを開発しているわけではなく、分散型台帳ソフトだけでも数種類があります。

4-1-1 さまざまな企業が参加

The Linux Foundation では、その命名の起源となった Linux を始めとして、多くのプロジェクトが複数の企業と個人が参加する共同開発プロジェクトの形態をなしています。Hyperledger プロジェクトにおいても、2021 年春現在 200 社近い企業が参加しており、今後もますます増えることが予想されます。

4-1-2 さまざまなソフトウェアを開発

Hyperledger プロジェクトでは、オープンソースの理念に合致する複数のソフトウェアを同時並行で開発しています。

ブロックチェーンソフトウェアは、さまざまな技術が垂直統合されていることが多いのですが、Hyperledger プロジェクトでは、いくつかのコンポーネントについては別のソフトウェアにまとめるなどして技術的に扱いやすいように整理する動きも見られます。そのため分散型台帳ソフトウェア以外にもライブラリや各種ツールなどのプロジェクトも存在します。

4-1-3 暗号資産に依存しない技術体系

多くのブロックチェーンソフトウェアでは、**暗号資産（仮想通貨）**での利用を前提とした作りになっていますが、Hyperledger プロジェクトでは、汎用的なビジネスシステムやソリューションに使うことを前提とした開発が行われています。

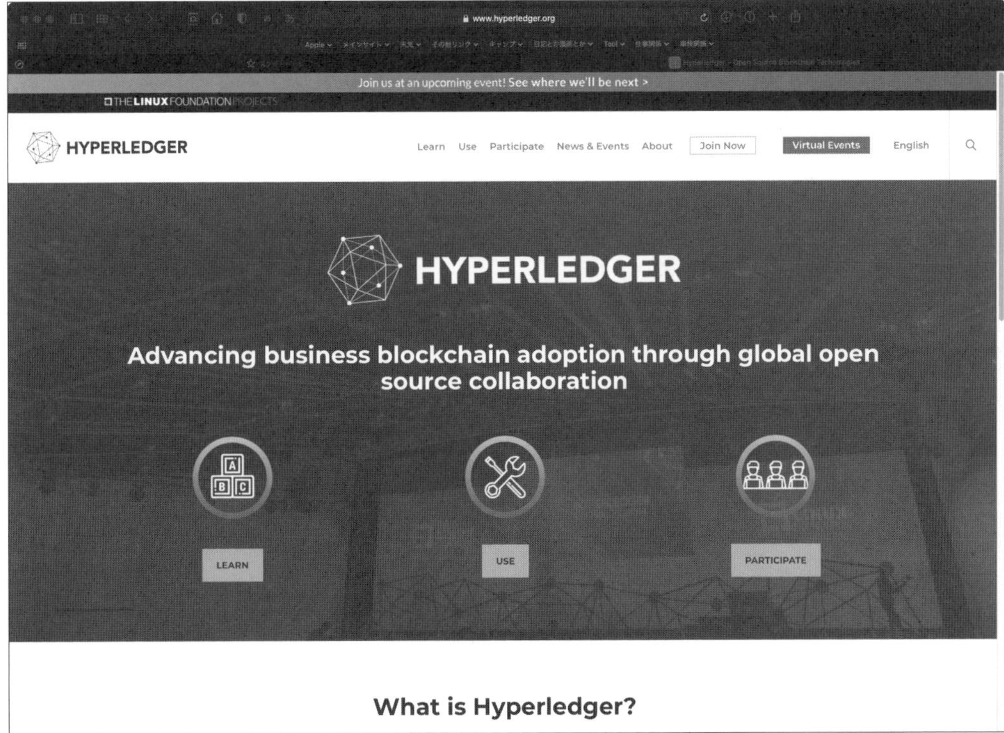

hyperledger.orgサイト：https://www.hyperledger.org/

Chapter 4-2

Hyperledger傘下のプロジェクト

Hyperledger 傘下のプロジェクトは徐々に増えてきており、2021 年 9 月の時点で 16 に達しています。今後も新たなプロジェクトが加わることが予想されます。

16 のプロジェクトの内訳は次の通りになっています。

4-2-1 分散型台帳ソフト

ブロックチェーンの心臓部、分散型台帳を実現するためのソフトウェアです。6 つのソフトウェアが開発中になっています。

名称	実装言語	ライセンス	説明
Hyperledger Besu	Java	Apache-2.0	Enterprise Ethereum Alliance(EEA)仕様のEthereumクライアントの一つ
Hyperledger Burrow	Go	Apache-2.0	パーミッション型でスマートコントラクトを実行できるEthereum由来のプロジェクト
Hyperledger Fabric	Go	Apache-2.0	モジュラー型アーキテクチャーを採用し幅広い用途に使える
Hyperledger Indy	Python	Apache-2.0	分散型デジタルIDを実現するためのソフト
Hyperledger Iroha	C++	Apache-2.0	インフラやIoTに組み込みやすいように設計されている
Hyperledger Sawtooth	Rust/Python	Apache-2.0	コアシステムとアプリケーションドメインが分離された柔軟なアーキテクチャ

4-2-2 ドメイン特化

ブロックチェーンを現実のシステムに組み込んでいくときに、大規模なシステムの設計能力が求められるのは、一つの障壁と言えます。そのため、ブロックチェーンを用いたドメイン特化型のリファレンス実装があると設計がしやすくなり、この障壁を下げることができます。

名称	実装言語	ライセンス	説明
Hyperledger Grid	Rust等	Apache-2.0	サプライチェーンでの使用に特化したリファレンス実装

4-2-3 ツール

ブロックチェーンを使うにあたり、あると便利なツール群も一緒に開発されています。ただし多くのツールがいまだ開発中、もしくは一部の分散型台帳ソフトにのみ対応しています。利用を検討する際には開発状況の確認が必要です。

名称	実装言語	ライセンス	説明
Hyperledger Avalon	C++等	Apache-2.0	EEAが公開しているTrusted Compute Specificationの台帳ソフトに依存しない実装
Hyperledger Cactus	TypeScript	Apache-2.0	ブロックチェーンを安全に統合できるツール
Hyperledger Caliper	JavaScript等	Apache-2.0	ブロックチェーンベンチマークツール
Hyperledger Cello	JavaScript等	Apache-2.0	ブロックチェーン運用ダッシュボード
Hyperledger Explorer	TypeScript/JavaScript等	Apache-2.0	ブロックチェーンの情報を閲覧するためのツール

4-2-4 ライブラリ

ブロックチェーン実装に必要なライブラリなどです。現状、どのように使われているかはライブラリによりまちまちになっています。また開発状況についても、実用レベルのものから試験実装までいくつもの段階に分かれています。

名称	実装言語	ライセンス	説明
Hyperledger Aries	Python等	Apache-2.0	ブロックチェーンに根ざしたP2Pインタラクションのための基盤
Hyperledger Quilt	Java	Apache-2.0	あらゆる決済ネットワークでの支払いを可能にするインターレッジャープロトコル実装
Hyperledger Transact	Rust	Apache-2.0	スマートコントラクトを実行するための標準インターフェースの提供
Hyperledger Ursa	Rust	Apache-2.0	各プロジェクトで共通に使用できる暗号化ライブラリ

Chapter 4-3
Hyperledgerプロジェクトのソフトウェアを体験する

ここでは、Hyperledger プロジェクト傘下の 3 つのソフトウェア、Hyperledger Besu、Hyperledger Indy、Hyperledger Fabric を体験するためのセットアップ方法や基本的なプログラムの動作方法などを説明していきます。試用する際の参考にしてください。
多くのソフトウェアが動作させる OS 環境を問わないように作られていますが、本書では Ubuntu Server 20.04 LTS (以下 Ubuntu) をベースに説明していきます。

4-3-1 Hyperledger Besu

Hyperledger Besu は Ethereum クライアントの一つで、ブロックチェーンのプライベートネットワークやコンソーシアムネットワークを構成するのに魅力的な機能が含まれています。
動作確認に用いたバージョンは 21.1.x です。これと異なるバージョンでは操作方法が異なる場合があります。

セットアップ方法

Hyperledger Besu では、同様のノードが最低 4 つ必要になります。まずは 1 つノードを用意し、後ほどクラウドサービスもしくは仮想マシンソフトの機能を使って複製します。

時間帯の設定

自分でOSインストール時に設定していない場合、時間帯がUTCになっているため、正しい時間帯に変更します。

```
$ sudo timedatectl set-timezone Asia/Tokyo
```

Javaのインストール

Hyperledger BesuはJavaで作られているため、JREをインストールします。

```
$ sudo apt install -y openjdk-11-jre-headless
```

Hyperledger Besuバイナリのダウンロード

http://github.com/hyperledger/besu/releasesより最新のリリースバイナリをダウンロードし、zipファイルを展開します（unzipコマンドが入っていない場合は先にインストールしてください）。例では21.1.0を展開しています。

```
$ wget https://dl.bintray.com/hyperledger-org/besu-repo/besu-21.1.0.zip
$ sudo apt install unzip
$ sudo unzip besu-21.1.0.zip -d /opt
$ sudo mv /opt/besu-21.1.0 /opt/besu
```

動作確認

動作環境が整っているか、簡単に確認します。

```
$ /opt/besu/bin/besu --help
Usage:

besu [OPTIONS] [COMMAND]
```

```
Description:
[...]

Besu is licensed under the Apache License 2.0
```

設定ファイルの生成

設定ファイルの雛形となるファイルを作成・配置し、それを読み込ませて設定ファイルを生成します。
まず設定ファイル用のディレクトリを作成します。

```
$ sudo mkdir -p /etc/opt/besu
```

作成したディレクトリ内にibftConfigFile.jsonという名前で次の内容のファイルを作成します（この設定ファイルの内容はプロジェクトページの"Create a Private Network ≫ Using IBFT 2.0(PoA)"チュートリアルにあるものと同じにしています）。

```
{
 "genesis": {
   "config": {
      "chainId": 2018,
      "muirglacierblock": 0,
      "ibft2": {
        "blockperiodseconds": 2,
        "epochlength": 30000,
        "requesttimeoutseconds": 4
      }
    },
    "nonce": "0x0",
    "timestamp": "0x58ee40ba",
    "gasLimit": "0x47b760",
    "difficulty": "0x1",
     "mixHash": "0x63746963616c2062797a616e74696e65206661756c7420746f6c657261
```

```
6e6365",
    "coinbase": "0x0000000000000000000000000000000000000000",
    "alloc": {
      "fe3b557e8fb62b89f4916b721be55ceb828dbd73": {
        "privateKey": "8f2a55949038a9610f50fb23b5883af3b4ecb3c3bb792cbcefbd1542
c692be63",
        "comment": "private key and this comment are ignored.  In a real chain,
the private key should NOT be stored",
        "balance": "0xad78ebc5ac6200000"
      },
      "627306090abaB3A6e1400e9345bC60c78a8BEf57": {
        "privateKey": "c87509a1c067bbde78beb793e6fa76530b6382a4c0241e5e4a9ec0a0f
44dc0d3",
        "comment": "private key and this comment are ignored.  In a real chain,
the private key should NOT be stored",
        "balance": "90000000000000000000000"
      },

      "f17f52151EbEF6C7334FAD080c5704D77216b732": {
        "privateKey": "ae6ae8e5ccbfb04590405997ee2d52d2b330726137b875053c36d94e9
74d162f",
        "comment": "private key and this comment are ignored.  In a real chain,
the private key should NOT be stored",
        "balance": "90000000000000000000000"
      }
    }
  },
  "blockchain": {
    "nodes": {
      "generate": true,
        "count": 4
    }
  }
}
```

ファイルが作成できたらbesuコマンドで設定ファイルを作成します。

```
$ sudo /opt/besu/bin/besu operator generate-blockchain-config --config-file=/etc/
opt/besu/ibftConfigFile.json --to=/etc/opt/besu/conf --private-key-file-name=key
```

正常にコマンドが実行されると、/etc/opt/besu/conf ディレクトリが生成され、その下に必要な設定ファイルが生成されます。find コマンドで表示してみると次のようになります。

```
$ find /etc/opt/besu/conf/
/etc/opt/besu/conf/
/etc/opt/besu/conf/genesis.json
/etc/opt/besu/conf/keys
/etc/opt/besu/conf/keys/0x7ddd9179c80e4f0d1267d8850edae332b28e3760
/etc/opt/besu/conf/keys/0x7ddd9179c80e4f0d1267d8850edae332b28e3760/key.pub
/etc/opt/besu/conf/keys/0x7ddd9179c80e4f0d1267d8850edae332b28e3760/key
/etc/opt/besu/conf/keys/0x0c73445e81311c013db4214ee957857966460253
/etc/opt/besu/conf/keys/0x0c73445e81311c013db4214ee957857966460253/key.pub
/etc/opt/besu/conf/keys/0x0c73445e81311c013db4214ee957857966460253/key
/etc/opt/besu/conf/keys/0x17ae867ed3a23d41e8286136f0c10709345bb239
/etc/opt/besu/conf/keys/0x17ae867ed3a23d41e8286136f0c10709345bb239/key.pub
/etc/opt/besu/conf/keys/0x17ae867ed3a23d41e8286136f0c10709345bb239/key
/etc/opt/besu/conf/keys/0xd83311eee8a3713d5bb1aded1503f0b8a920a9d9
/etc/opt/besu/conf/keys/0xd83311eee8a3713d5bb1aded1503f0b8a920a9d9/key.pub
/etc/opt/besu/conf/keys/0xd83311eee8a3713d5bb1aded1503f0b8a920a9d9/key
```

2番目、3番目、4番目のノード用の仮想マシンの複製

このタイミングで、クラウドサービスや仮想マシンソフトの複製機能を使って仮想マシンを複製し、2 番目、3 番目、4 番目の仮想マシンを起動します。これらのマシンでは異なるホスト名および IP アドレスが割り付けられていることを確認し、必要に応じて変更してください。また、この後相互に通信を行うため、同じ仮想ネットワーク内に存在させる必要があります。

1番目のノード(node 0)の起動

1番目の仮想マシンで作業を続行します。最初にデータ保存用のディレクトリを作成し、keyファイルへのシンボリックリンクをはります。

```
$ sudo mkdir -p /var/opt/besu
$ sudo ln -s /etc/opt/besu/conf/keys/0x7ddd9179c80e4f0d1267d8850edae332b28e3760/
key.pub /var/opt/besu/key.pub
$ sudo ln -s /etc/opt/besu/conf/keys/0x7ddd9179c80e4f0d1267d8850edae332b28e3760/
key /var/opt/besu/key
```

続いてbesuコマンドでノードを起動します。

```
$ nohup sudo bash -c "/opt/besu/bin/besu --data-path=/var/opt/besu --genesis-
file=/etc/opt/besu/conf/genesis.json --rpc-http-enabled --rpc-http-
api=ETH,NET,IBFT --host-allowlist='*' --rpc-http-cors-origins='all' >> /var/opt/
besu/node0.log 2>&1" &
```

ログを検索して、EnodeのURLを取得してください。

```
$ grep Enode /var/opt/besu/node0.log | cut -f5 -d\|
```

出力された値を2番目のノード以降で使用します。

```
 Enode URL enode://772dcd451e0f1568eadae67784fe15c0f5c8caa98f0486af358fa
935153923fdc07720225aa7b61b3eade3687d4dbe63970fa1d7112066a8ac7417acccbb
0d01@127.0.0.1:30303
```

ただし、"@127.0.0.1" の部分は 1 番目のノードの実際の IP アドレスに変更するため、ip コマンドで IP アドレスも調査しておくと良いでしょう。

```
$ ip addr
```

IP コマンドの出力から、例では 10.0.6.4 であることがわかります。

```
1: lo: <LOOPBACK,UP,LOWER_UP> mtu 65536 qdisc noqueue state UNKNOWN group default
qlen 1000
    link/loopback 00:00:00:00:00:00 brd 00:00:00:00:00:00
    inet 127.0.0.1/8 scope host lo
       valid_lft forever preferred_lft forever
    inet6 ::1/128 scope host
       valid_lft forever preferred_lft forever
2: eth0: <BROADCAST,MULTICAST,UP,LOWER_UP> mtu 1500 qdisc mq state UP group
default qlen 1000
    link/ether 00:0d:3a:8c:ce:e5 brd ff:ff:ff:ff:ff:ff
    inet 10.0.6.4/24 brd 10.0.6.255 scope global eth0
       valid_lft forever preferred_lft forever
    inet6 fe80::20d:3aff:fe8c:cee5/64 scope link
       valid_lft forever preferred_lft forever
3: enP1s1: <BROADCAST,MULTICAST,SLAVE,UP,LOWER_UP> mtu 1500 qdisc mq master eth0
state UP group default qlen 1000
    link/ether 00:0d:3a:8c:ce:e5 brd ff:ff:ff:ff:ff:ff
```

2番目のノード(node 1)の起動

続いて2番目の仮想マシンで作業を行います。最初にデータ保存用のディレクトリを作成し、keyファイルへのシンボリックリンクをはります。

```
$ sudo mkdir -p /var/opt/besu
$ sudo ln -s /etc/opt/besu/conf/keys/0x0c73445e81311c013db4214ee957857966460253/
key.pub /var/opt/besu/key.pub
$ sudo ln -s /etc/opt/besu/conf/keys/0x0c73445e81311c013db4214ee957857966460253/
key /var/opt/besu/key
```

続いてbesuコマンドでノードを起動します。この時に1番目のノードで取得したEnodeの値を使用します(前述の通り、"@127.0.0.1"の部分は1番目のノードの実際のIPアドレスに変更します)。

```
$ nohup sudo bash -c "/opt/besu/bin/besu --data-path=/var/opt/besu --genesis-
file=/etc/opt/besu/conf/genesis.json --bootnodes=enode://772dcd451e0f1568eada
e67784fe15c0f5c8caa98f0486af358fa935153923fdc07720225aa7b61b3eade3687d4dbe639
70fa1d7112066a8ac7417acccbb0d01@10.0.6.4:30303 --rpc-http-enabled --rpc-http-
api=ETH,NET,IBFT --host-allowlist='*' --rpc-http-cors-origins='all' >> /var/opt/
besu/node1.log 2>&1" &
```

3番目のノード(node 2)の起動

続いて3番目の仮想マシンで作業を行います。最初にデータ保存用のディレクトリを作成し、keyファイルへのシンボリックリンクをはります。

```
$ sudo mkdir -p /var/opt/besu
$ sudo ln -s /etc/opt/besu/conf/keys/0x17ae867ed3a23d41e8286136f0c10709345bb239/
key.pub /var/opt/besu/key.pub
$ sudo ln -s /etc/opt/besu/conf/keys/0x17ae867ed3a23d41e8286136f0c10709345bb239/
key /var/opt/besu/key
```

続いてbesuコマンドでノードを起動します。この時に1番目のノードで取得したEnodeの値を使用します(前述の通り、"@127.0.0.1"の部分は1番目のノードの実際のIPアドレスに変更します)。

```
$ nohup sudo bash -c "/opt/besu/bin/besu --data-path=/var/opt/besu --genesis-file=/etc/opt/besu/conf/genesis.json --bootnodes=enode://772dcd451e0f1568eadae67784fe15c0f5c8caa98f0486af358fa935153923fdc07720225aa7b61b3eade3687d4dbe63970fa1d7112066a8ac7417acccbb0d01@10.0.6.4:30303 --rpc-http-enabled --rpc-http-api=ETH,NET,IBFT --host-allowlist='*' --rpc-http-cors-origins='all' >> /var/opt/besu/node2.log 2>&1" &
```

4番目のノード(node 3)の起動

続いて4番目の仮想マシンで作業を行います。最初にデータ保存用のディレクトリを作成し、keyファイルへのシンボリックリンクをはります。

```
$ sudo mkdir -p /var/opt/besu
$ sudo ln -s /etc/opt/besu/conf/keys/0xd83311eee8a3713d5bb1aded1503f0b8a920a9d9/key.pub /var/opt/besu/key.pub
$ sudo ln -s /etc/opt/besu/conf/keys/0xd83311eee8a3713d5bb1aded1503f0b8a920a9d9/key /var/opt/besu/key
```

続いてbesuコマンドでノードを起動します。この時に1番目のノードで取得したEnodeの値を使用します(前述の通り、"@127.0.0.1"の部分は1番目のノードの実際のIPアドレスに変更します)。

```
$ nohup sudo bash -c "/opt/besu/bin/besu --data-path=/var/opt/besu --genesis-file=/etc/opt/besu/conf/genesis.json --bootnodes=enode://772dcd451e0f1568eadae67784fe15c0f5c8caa98f0486af358fa935153923fdc07720225aa7b61b3eade3687d4dbe63970fa1d7112066a8ac7417acccbb0d01@10.0.6.4:30303 --rpc-http-enabled --rpc-http-api=ETH,NET,IBFT --host-allowlist='*' --rpc-http-cors-origins='all' >> /var/opt/besu/node3.log 2>&1" &
```

ネットワークの動作確認

ここで、ブロックチェーンのネットワークが正常に動いているかどうか確認するにはcurlコマンドを用います。いずれかのノードで実行してください。

```
$ curl -X POST --data '{"jsonrpc":"2.0","method":"ibft_getValidatorsByBlockNumber
","params":["latest"], "id":1}' 127.0.0.1:8545
```

curlの出力を見ると、次のようにresultとして4つのノードが確認できます。

```
{
  "jsonrpc" : "2.0",
  "id" : 1,
  "result" : [ "0xd83311eee8a3713d5bb1aded1503f0b8a920a9d9", "0x7ddd9179c80e4f0d1
267d8850edae332b28e3760", "0x0c73445e81311c013db4214ee957857966460253", "0x17ae86
7ed3a23d41e8286136f0c10709345bb239" ]
}
```

Hyperledger Besuのドキュメント

さらにHyperledger Besuを使ってみる時には、同プロジェクトのWebサイトから情報を得ることができます。

https://besu.hyperledger.org/en/stable/

ただし、このドキュメントはEthereumおよびEnterprise Ethereum、あるいはアプリケーションの開発に必要となるTruffleなどについては触れていませんので、これらについては別途情報を得る必要があるでしょう。

4-3-2 Hyperledger Indy

Hyperledger Indy はブロックチェーンベースの本人確認を行うソフトウェアです。

セットアップ方法

Hyperledger Indy では、様々なセットアップ方法がありますが、ここでは Ubuntu サーバーを 1 つ起動し、その中に 1 つの **Docker コンテナ**を作成し、コンテナ内で 4 つの indy-node を起動させる方法を説明します。

時間帯の設定

自分で OS インストール時に設定していない場合、時間帯が UTC になっているため、正しい時間帯に変更します。

```
$ sudo timedatectl set-timezone Asia/Tokyo
```

Dockerのインストール

Hyperledger Indy のセットアップには docker および docker-compose コマンドを活用するため、インストールします。

```
$ sudo apt update
$ sudo apt install -y docker docker-compose
$ sudo systemctl enable --now docker
```

indy-sdkのclone

続いて indy-sdk を git コマンドを使ってクローンします。

```
$ git clone https://github.com/hyperledger/indy-sdk.git
```

dockerfileの修正

docker-compose で docker イメージを作成し実行しますが、その際ビルドエラーになる箇所を修正しておきます。

```
$ cd indy-sdk/docs/getting-started
$ vi getting-started.dockerfile
```

getting-started.dockerfile をエディタで開き、17 行目付近を次のように編集します。

```
[...]
RUN pip3 install -U \
        pip \
        pyzmq==20.0.0 \
        nbconvert==5.6.1 \
        importlib_metadata==2.1.1 \
        traitlets==4.3.3 \
        jedi==0.17.2 \
        parso==0.7.1 \
        ipython==7.9 \
        jupyter_core==4.6.3 \
        jupyter \
        python3-indy==1.11.0
[...]
```

docker-compose buildを実行

その後、docker-compose build でビルドを実行します。

```
$ sudo docker-compose build
```

docker-compose upを実行

docker-compose up を実行し、ノードを起動します。

```
$ sudo docker-compose up
```

次のようなメッセージが流れて、Jupyter Notebook による Web 画面が起動します。

```
Creating network "getting-started_pool_network" with driver "bridge"
Creating indy_pool ... done
Creating getting_started ... done
Attaching to indy_pool, getting_started
indy_pool     | 2021-02-16 01:23:27,217 CRIT Set uid to user 1000
getting_started | [I 01:23:28.559 NotebookApp] Writing notebook server cookie
secret to /home/indy/.local/share/jupyter/runtime/notebook_cookie_secret
getting_started | [I 01:23:28.582 NotebookApp] Serving notebooks from local
directory: /home/indy
getting_started | [I 01:23:28.582 NotebookApp] Jupyter Notebook 6.2.0 is running
at:
getting_started | [I 01:23:28.582 NotebookApp] http://6959f8f7950c:8888/?token=b5
235c4355cad41f7e4d95ce7bc6a56aec45756e5436dec6
getting_started | [I 01:23:28.583 NotebookApp]  or http://127.0.0.1:8888/?token=b
5235c4355cad41f7e4d95ce7bc6a56aec45756e5436dec6
getting_started | [I 01:23:28.583 NotebookApp] Use Control-C to stop this server
and shut down all kernels (twice to skip confirmation).
getting_started | [W 01:23:28.587 NotebookApp] No web browser found: could not
locate runnable browser.
getting_started | [C 01:23:28.587 NotebookApp]
getting_started |
```

```
getting_started |     To access the notebook, open this file in a browser:
getting_started |         file:///home/indy/.local/share/jupyter/runtime/nbserver-
1-open.html
getting_started |     Or copy and paste one of these URLs:
getting_started |         http://6959f8f7950c:8888/?token=b5235c4355cad41f7e4d95c
e7bc6a56aec45756e5436dec6
getting_started |      or http://127.0.0.1:8888/?token=b5235c4355cad41f7e4d95ce7b
c6a56aec45756e5436dec6
```

このURLにコンテナの外部からWebブラウザでアクセスします。Ubuntuからコンテナ内部へのアクセスはhttp://127.0.0.1:8888/… から始まるURLで構いませんが、通常Ubuntu自体にデスクトップ環境が入っていないと思われるので、さらに他の環境からアクセスすることにします。

その場合、Ubuntuの8888番ポートをオープン（クラウドサービスを使っている場合はクラウドサービスの設定から行います）し、IPアドレスを127.0.0.1からUbuntuの実際のIPアドレス（パブリックIPアドレス）に書き換えます。

この例においてパブリックIPアドレスが13.68.232.206だった場合は次のURLにアクセスすることになります。

```
http://13.68.232.206:8888/?token=b5235c4355cad41f7e4d95ce7bc6a56aec45756e5436dec6
```

接続に成功するとJupyter Notebookの画面が表示されます。

Jupyter Notebook初期画面

デモの実行

コンテナ内には、Hyperledger Indyのデモが格納されています。これは、**Indy Walkthrough**というドキュメント（公式ページ https://hyperledger.org/use/hyperledger-indy の Read the Getting Started Guide からリンクされています）にあるAliceという人物を巡る分散型ID活用例を実際に動かしてみたものです。

デモの実行には、Jupyter Notebookの画面からgetting-started.ipynbファイルを開き、画面上部のRunボタンをクリックします。

次のような画面で、Aliceと各種施設の間でID情報をやり取りするさまを見ることができます。

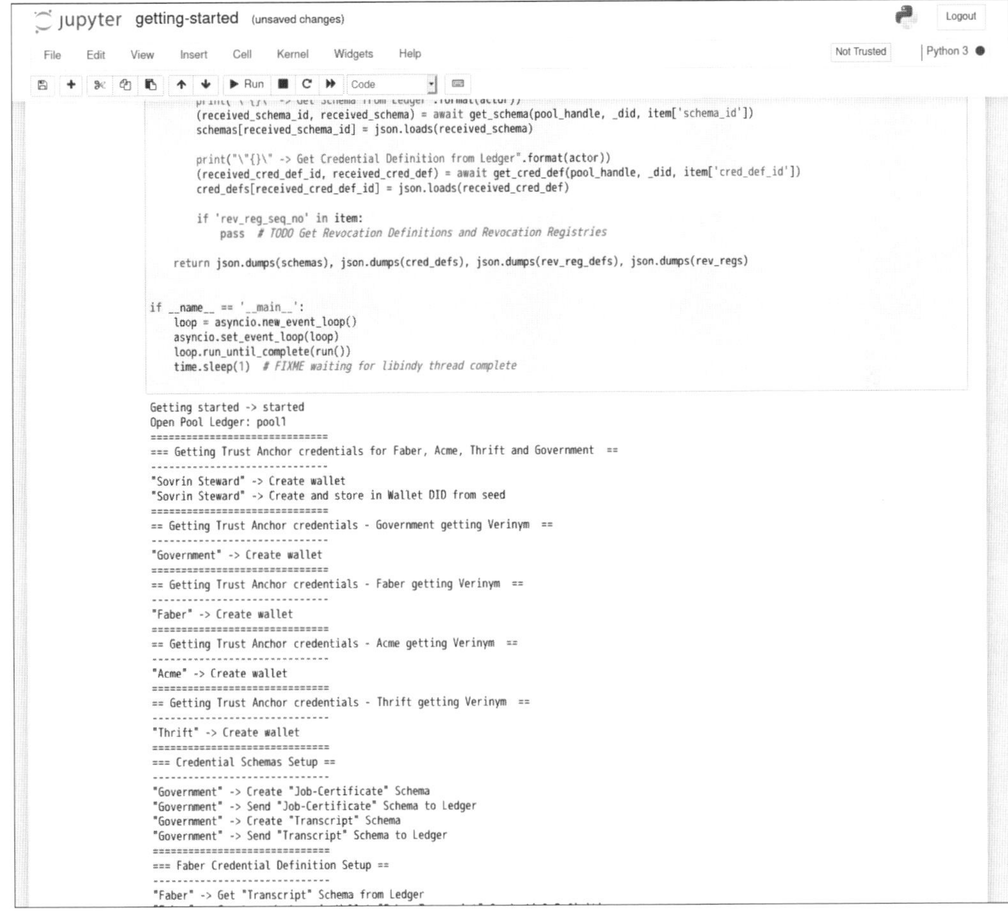

Indyデモ実行画面

Hyperledger Indyのドキュメント

Hyperledger Indy を理解するためには、背景にある Self-sovereign identity という概念を理解しておいたほうが良いでしょう。
先に Sovrin Foundation の公式ページを訪れてみてください。

https://sovrin.org

それから先ほどの Indy Walkthrough を含む Hyperledger Indy のドキュメントを次の URL 以下から見ていくと理解しやすくなります。

https://indy.readthedocs.io/en/latest/

4-3-3 Hyperledger Fabric

Hyperledger Fabric は高いモジュール性を持つ分散型台帳ソフトウェアで、幅広いユースケースに対応します。

Hyperledger Fabricのセットアップ

Hyperledger Fabric を体験するためのテストノードおよびネットワークを構築していきます。

時間帯の設定

自分でOSインストール時に設定していない場合、時間帯がUTCになっているため、正しい時間帯に変更します。

```
$ sudo timedatectl set-timezone Asia/Tokyo
```

Dockerのインストール

Hyperledger Fabricのセットアップにはdockerおよびdocker-composeを活用するため、インストールします。

```
$ sudo apt update
$ sudo apt install -y docker docker-compose
$ sudo systemctl enable --now docker
```

また、現在のユーザーをdockerグループに追加しておきます。

```
$ sudo usermod -aG docker azureuser
```

追加したらいったんログアウトし、再びログインして作業を続行します。

ダウンロードスクリプトの実行

次のコマンドをホームディレクトリで実行すると、最新のプロダクションリリースのDockerイメージ、sample、実行可能バイナリがダウンロードされます。

```
$ curl -sSL https://bit.ly/2ysbOFE | bash -s
```

サンプルは fabric-samples ディレクトリに、実行可能バイナリは fabric-samples/bin ディレクトリにそれぞれ展開されます。Docker イメージは docker pull コマンドによりそのまま取り込まれます。取り込まれたイメージはスクリプトの終了時に次のようにリストされます。

```
===> List out hyperledger docker images
hyperledger/fabric-tools      2.3       d3f075ceb6c6    13 days ago     454MB
hyperledger/fabric-tools      2.3.1     d3f075ceb6c6    13 days ago     454MB
hyperledger/fabric-tools      latest    d3f075ceb6c6    13 days ago     454MB
hyperledger/fabric-peer       2.3       1e8e82ab49af    13 days ago     56.5MB
hyperledger/fabric-peer       2.3.1     1e8e82ab49af    13 days ago     56.5MB
hyperledger/fabric-peer       latest    1e8e82ab49af    13 days ago     56.5MB
hyperledger/fabric-orderer    2.3       12f8ed297e92    13 days ago     39.6MB
hyperledger/fabric-orderer    2.3.1     12f8ed297e92    13 days ago     39.6MB
hyperledger/fabric-orderer    latest    12f8ed297e92    13 days ago     39.6MB
hyperledger/fabric-ccenv      2.3       55dda4b263f6    13 days ago     502MB
hyperledger/fabric-ccenv      2.3.1     55dda4b263f6    13 days ago     502MB
hyperledger/fabric-ccenv      latest    55dda4b263f6    13 days ago     502MB
hyperledger/fabric-baseos     2.3       fb85a21d6642    13 days ago     6.85MB
hyperledger/fabric-baseos     2.3.1     fb85a21d6642    13 days ago     6.85MB
hyperledger/fabric-baseos     latest    fb85a21d6642    13 days ago     6.85MB
hyperledger/fabric-ca         1.4       dbbc768aec79    4 months ago    158MB
hyperledger/fabric-ca         1.4.9     dbbc768aec79    4 months ago    158MB
hyperledger/fabric-ca         latest    dbbc768aec79    4 months ago
```

環境変数への追加

ホームディレクトリにある実行可能バイナリが入る fabric-samples/bin ディレクトリを PATH に追加します。
また、各種設定ファイルがある fabric-samples/config を FABRIC_CFG_PATH に定義します。
.profile を開いて最終行に追記します。

```
$ vi .profile
```

```
[...]
# set PATH so it includes user's private bin if it exists
if [ -d "$HOME/.local/bin" ] ; then
    PATH="$HOME/.local/bin:$PATH"
fi

PATH=${HOME}/fabric-sample/bin:$PATH    ←追記
FABRIC_CFG_PATH=${HOME}/fabric-sample/config/ ←追記
```

保存したら、source コマンドで現在のシェルにも反映させます。

```
$ source .profile
```


テストネットワークの起動

必要なコンポーネントが出揃ったので、テストネットワークを起動させます。fabric-samples/test-network 下にある network.sh を用います。

```
$ cd fabric-samples/test-network
$ ./network.sh up
```

ネットワークの構築が開始されると、次のように構築パラメータが最初に表示されます。なお、この例ではデフォルト値で構築を開始していますが、パラメータを変更するには network.sh -h で変更できるパラメータを調べることもできます。

```
Starting nodes with CLI timeout of '5' tries and CLI delay of '3' seconds and
using database 'leveldb' with crypto from 'cryptogen'
LOCAL_VERSION=2.3.1
DOCKER_IMAGE_VERSION=2.3.1
[...]
```

様々な初期設定が行われたあと、docker-composeによるネットワークの作成、およびボリュームの作成が行われます。

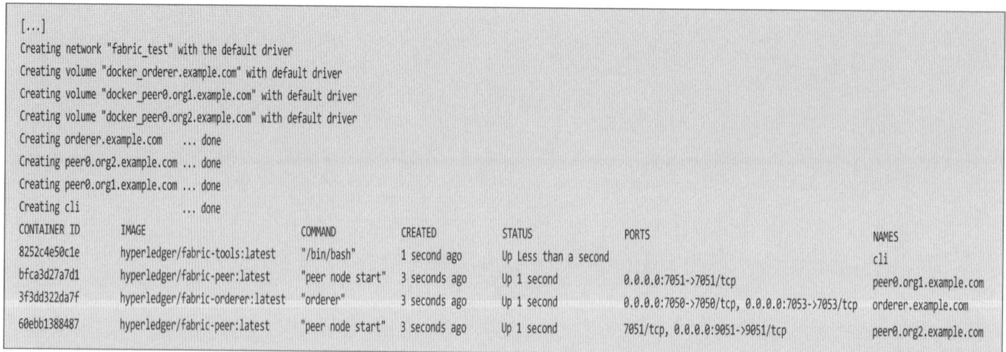
[...]
Creating network "fabric_test" with the default driver
Creating volume "docker_orderer.example.com" with default driver
Creating volume "docker_peer0.org1.example.com" with default driver
Creating volume "docker_peer0.org2.example.com" with default driver
Creating orderer.example.com ... done
Creating peer0.org2.example.com ... done
Creating peer0.org1.example.com ... done
Creating cli ... done
CONTAINER ID IMAGE COMMAND CREATED STATUS PORTS NAMES
8252c4e50c1e hyperledger/fabric-tools:latest "/bin/bash" 1 second ago Up Less than a second cli
bfca3d27a7d1 hyperledger/fabric-peer:latest "peer node start" 3 seconds ago Up 1 second 0.0.0.0:7051->7051/tcp peer0.org1.example.com
3f3dd322da7f hyperledger/fabric-orderer:latest "orderer" 3 seconds ago Up 1 second 0.0.0.0:7050->7050/tcp, 0.0.0.0:7053->7053/tcp orderer.example.com
60ebb1388487 hyperledger/fabric-peer:latest "peer node start" 3 seconds ago Up 1 second 7051/tcp, 0.0.0.0:9051->9051/tcp peer0.org2.example.com

ログ中でOrdererとPeerという2種類のノードが登場しています。OrdererはHyperledger Fabricに固有の特殊なノードで、トランザクションの順番を整える役割を担います。それ以外のすべてのブロックチェーンに特徴的な機能はPeerが担っていると考えて構いません(実際はもう一つCAというタイプのノードがありますが、本書では説明を割愛します)。

Hyperledger Fabricの最小構成においては、いわゆるコンセンサスアルゴリズムを機能させるためのノード数を最初から用意する必要がありません。ネットワークに参加する組織が増え、それに応じて複数のOrdererが立てられるようになって初めて、Orderer間でコンセンサスを取る必要があるためコンセンサスアルゴリズムが使われます。

それまでは単一のOrderingサービスがトランザクションを整列させるための役割を担うに過ぎません。

Orderingとそれ以外が概念分離/機能分離されているため、将来的な拡張時にブロックチェーンの持つ特長を保証されつつも、最初はとりあえずの小さな構成で始めることもできます(実際はコンセンサスの概念がEndorsement-Ordering-Validationの3つに整理されていますが、本書ではその概念の解説は割愛します)。

チャネルの構築

ブロックチェーンネットワークが起動したら、その上にチャネルを構築します。他のブロックチェーンでは例えばプライベートトランザクションとなどと呼ばれているもので、特定の招待されたメンバーだけが属した、ノードの集合体を規定することができます。属さないメンバーからはチャネルの内容を見ることはできません。
テストネットワークではOrg1とOrg2の2つのPeerが存在しているので、この2つを含んだチャネルを作成します。
次のコマンドで、テスト用のチャネルchannel1を作成することができます。

```
$ ./network.sh createChannel -c channel1
```


サンプルプログラムの実行

作成した環境でサンプルプログラムを実行してみましょう。Hyperledger Fabicではスマートコントラクトはチェーンコードと呼ばれ、Go、Java、およびJavaScriptで書かれたコードを動かすことができます。

サンプルチェーンコードのデプロイ

実行するには、まずはチェーンコードを各ノードにデプロイする必要があります。
fabric-samplesには、Hyperledger Fabric上で動かすことのできるチェーンコードのサンプルが豊富に含まれています。ここではasset-transfer-basicのJavaScript版をデプロイしてみます。

```
$ ./network.sh deployCC -c channel1 -ccn basic -ccp ../asset-transfer-basic/
chaincode-j
```

サンプルチェーンコードの実行1:初期化

デプロイが正常に完了したら実行してみます。
最初に動作させるための変数を設定します。

```
$ export CORE_PEER_TLS_ENABLED=true
$ export CORE_PEER_LOCALMSPID="Org1MSP"
$ export CORE_PEER_TLS_ROOTCERT_FILE=${PWD}/organizations/peerOrganizations/org1.
example.com/peers/peer0.org1.example.com/tls/ca.crt
$ export CORE_PEER_MSPCONFIGPATH=${PWD}/organizations/peerOrganizations/org1.
example.com/users/Admin@org1.example.com/msp
$ export CORE_PEER_ADDRESS=localhost:7051
```

チェーンコードを実行します。まずはInitLedger(台帳初期化)です。

```
$ peer chaincode invoke -o localhost:7050 --ordererTLSHostnameOverride orderer.
example.com --tls --cafile "${PWD}/organizations/ordererOrganizations/example.
com/orderers/orderer.example.com/msp/tlscacerts/tlsca.example.com-cert.pem" -C
channel1 -n basic --peerAddresses localhost:7051 --tlsRootCertFiles "${PWD}/
organizations/peerOrganizations/org1.example.com/peers/peer0.org1.example.
com/tls/ca.crt" --peerAddresses localhost:9051 --tlsRootCertFiles "${PWD}/
organizations/peerOrganizations/org2.example.com/peers/peer0.org2.example.com/
tls/ca.crt" -c '{"function":"InitLedger","Args":[]}'
```

実行に成功すると、次のようなメッセージが表示されます。

```
[chaincodeCmd] chaincodeInvokeOrQuery -> INFO 001 Chaincode invoke successful.
result: status:200
```

サンプルチェーンコードの実行2:データのクエリ

台帳のデータを読み出してみるため、次のコマンドを実行します。

```
$ peer chaincode query -C channel1 -n basic -c '{"Args":["GetAllAssets"]}'
```

次のようにデータが読み出されます。

```
[{"Key":"asset1","Record":{"ID":"asset1","Color":"blue","Size":5,"Owner":"Tomoko"
,"AppraisedValue":300,"docType":"asset"}},{"Key":"asset2","Record":{"ID":"asset2"
,"Color":"red","Size":5,"Owner":"Brad","AppraisedValue":400,"docType":"asset"}},{
"Key":"asset3","Record":{"ID":"asset3","Color":"green","Size":10,"Owner":"Jin Soo
","AppraisedValue":500,"docType":"asset"}},{"Key":"asset4","Record":{"ID":"asset4
","Color":"yellow","Size":10,"Owner":"Max","AppraisedValue":600,"docType":"asset"
}},{"Key":"asset5","Record":{"ID":"asset5","Color":"black","Size":15,"Owner":"Adr
iana","AppraisedValue":700,"docType":"asset"}},{"Key":"asset6","Record":{"ID":"as
set6","Color":"white","Size":15,"Owner":"Michel","AppraisedValue":800,"docType":"
asset"}}]
```

サンプルチェーンコードの実行3:データの変更

台帳に記録されている値を変更する（資産を移動させる）動作をチェーンコードで実行します。

```
$ peer chaincode invoke -o localhost:7050 --ordererTLSHostnameOverride orderer.
example.com --tls --cafile "${PWD}/organizations/ordererOrganizations/example.
com/orderers/orderer.example.com/msp/tlscacerts/tlsca.example.com-cert.pem" -C
channel1 -n basic --peerAddresses localhost:7051 --tlsRootCertFiles "${PWD}/
organizations/peerOrganizations/org1.example.com/peers/peer0.org1.example.
com/tls/ca.crt" --peerAddresses localhost:9051 --tlsRootCertFiles "${PWD}/
organizations/peerOrganizations/org2.example.com/peers/peer0.org2.example.com/
tls/ca.crt" -c '{"function":"TransferAsset","Args":["asset6","Christopher"]}'
```

実行に成功すると次のようなメッセージが表示されます。

```
[chaincodeCmd] chaincodeInvokeOrQuery -> INFO 001 Chaincode invoke successful.
result: status:200 payload:"{\"type\":\"Buffer\",\"data\":[]}"
```

実際に asset6 が Christopher に転送されているかどうか見てみましょう。

```
$ peer chaincode query -C channel1 -n basic -c '{"Args":["ReadAsset","asset6"]}'
```

結果は次のようになり、Owner が Christopher に変わっていることがわかります。

```
{"ID":"asset6","Color":"white","Size":15,"Owner":"Christopher","AppraisedValue":8
00,"docType":"asset"}
```

サンプルチェーンコードの実行4:他のノードで結果を見る

ここまでは、Org1 の peer で結果を見てきました。同様の結果が Org2 の peer でも見られるはずです。
確認してみましょう。

```
$ export CORE_PEER_TLS_ENABLED=true
$ export CORE_PEER_LOCALMSPID="Org2MSP"
$ export CORE_PEER_TLS_ROOTCERT_FILE=${PWD}/organizations/peerOrganizations/org2.
example.com/peers/peer0.org2.example.com/tls/ca.crt
$ export CORE_PEER_MSPCONFIGPATH=${PWD}/organizations/peerOrganizations/org2.
example.com/users/Admin@org2.example.com/msp
$ export CORE_PEER_ADDRESS=localhost:9051
```

環境変数を前述のように Org2 向けに設定し直し、peer コマンドを実行します。

```
$ peer chaincode query -C channel1 -n basic -c '{"Args":["ReadAsset","asset6"]}'
```

結果は次のようになり、Org1 での結果と同じものが表示されました。

```
{"ID":"asset6","Color":"white","Size":15,"Owner":"Christopher","AppraisedValue":8
00,"docType":"asset"}
```

テストネットワークの停止

ここまで一通り基本的なチェーンコードの操作を見てきました。最後に稼動させたテストネットワークを停止させておきます。

```
$ ./network.sh down
```

もう一度同じことを実行したい場合は、./network.sh up から実行することになります。

Hyperledger Fabricのドキュメント

最も古い時期から活動してきたプロジェクトらしく、ドキュメントは充実しています。

https://hyperledger-fabric.readthedocs.io/en/latest/

基礎的なドキュメントはこのURLからたどることができます。アプリケーションの開発などを行う際にも役に立つでしょう。

おわりに

アジャイルソフトウェア開発書籍と同じ企画キャストで制作した本書は、執筆時間をたくさん頂いたのにも関わらず、遅れに遅れてしまいました。途中、Azure から AWS にブロックチェーンサービスを書き換えたり、想定外のことが起こりました。ただし、世の中、コロナ禍で多くの実証実験が進まず、本書を活用したビジネスには、ちょうど良いタイミングかもしれません。

本書でも少し採り上げましたが、NTF という物の価値をトークン化して、ビジネスにする動きが激しくなってきました。医療情報もそうなのですが、価値化する際には、ブロックチェーン技術が最も向いています。さらに、それを取引するしくみも持っています。ビジネスにおいて、この価値化の取引という領域では、ブロックチェーンを使うことが基本ということになります。これだけでも、かなりの市場規模があるでしょう。

一方、エンジニアにとっては、ブロックチェーン技術の開発をするということは、経験値が上がります。ワールドワイドでは、今でも、多くのエンジニアがブロックチェーンフレームワークでシステムの開発を行いたいと望んでいます。それは、単にアプリケーション開発ということだけではなく、システムのアーキテクトを設計するという経験を積めるからです。本書で開発しているように、ブロックチェーンには多くのコアなテクノロジーが含まれています。実際にそれらを活用できます。それは、エンジニアとしては、貴重な経験になります。

最後になりましたが、私の古くからの友人であり、ブロックチェーンビジネスのパートナーでもあるラブロック社の熊谷社長が亡くなられました。熊谷氏の意志をついで、ブロックチェーン業界がますますの発展をしていくことを望みます。

2021 年 9 月　著者一同

索引

索引

著者プロフィール

長瀬 嘉秀（ながせ　よしひで）

株式会社テクノロジックアート代表取締役。
1986年、東京理科大学理学部応用数学科卒業。
朝日新聞社を経て、1989年に株式会社テクノロジックアートを設立。OSF(OPEN Software Foundation)のテクニカルコンサルタントとしてDCE(Distributed Computing Environment)関連のオープンシステムの推進を行う。OSF日本ベンダ協議会DCE技術検討委員会の主査を務める。トランスコスモス株式会社技術顧問。

主な著書・訳書

「マイクロサービス入門 アーキテクチャと実装」（共著、リックテレコム、2018年）
「アジャイル時代のオブジェクト脳のつくり方 Rubyで学ぶ究極の基礎講座」（共著、翔泳社、2017年）
「関数型プログラミングの基礎」（監修、リックテレコム、2016年）
「グラフ型データベース入門 - Neo4jを使う」（監修、リックテレコム、2016年）
「ハイブリッドアジャイルの実践」（監修、リックテレコム、2013年）
「アジャイル概論」「リファクタリング」「テスト駆動開発」（監修、東京電機大学出版局、2013年）
「基礎からはじめるUML2.4」（監修、ソーテック社、2013年）
「改訂3版 基礎UML」（監修、インプレス、2010年）
「実践！アジャイルプロジェクト管理」（監修、翔泳社、2009年）
「JakartaCommonsクックブック」（監訳、オライリー・ジャパン、2005年）　など
「エンタープライズアジャイル開発実践ガイド」（共著、マイナビ出版、2020年）

亀井 亮児（かめい　りょうじ）

ビジネスブロックチェーンに特化したインフラエンジニア。インフラエンジニアではあるものの、もともとLinux OS開発を長くやっていたため多面的にプロジェクトを支えられるのが強み。
今後は最新Javaプログラミングか、ブロックチェーンのソリューション開発か、どちらに本腰を入れるか検討中。

松本 哲也（まつもと　てつや）

pitdyne株式会社 代表取締役。
医療機器システムの開発に携わったのち、トランスコスモス株式会社等にて大規模システム開発における標準化、アーキテクチャ設計に多数参画。2019年にpitdyne株式会社を設立し、現在に至る。アジャイル検定コンソーシアムにて、アジャイル検定試験の策定に参加。
AIシステムの開発、クラウド環境でのシステム開発標準化、VRによるソリューション開発などを行っている。
書籍に『二次請けマネージャの教科書』(技術評論社)、『マイクロサービス入門』（リックテレコム)。『エンタープライズアジャイル開発実践ガイド』（マイナビ出版）

監修者プロフィール

ラブロック株式会社

ラブロック社は、2018年6月に設立したブロックチェーンシステムの開発企業で、ビジネスブロックチェーン構築基盤「RABLOCK BLOCKCHAIN PLATFORM」などを提供しています。「RABLOCK BLOCKCHAIN PLATFORM」は、日経BP社が2018年10月18日に開催した「日経xTECH EXPO 2018」で発表された「日経xTECH EXPO AWARD 2018」において、準グランプリおよびブロックチェーン賞を受賞しました。システム構築に手間やコストがかかることが多いブロックチェーン環境を、安価かつスピーディーに構築できる点が評価されました。また、実証実験などの多くのビジネスブロックチェーンの事例でブロックチェーンプラットフォームとして、採用されています。

STAFF

編集・DTP： 株式会社三馬力
ブックデザイン： 深澤 充子（Concent, Inc.）
担当： 角竹 輝紀

ビジネスブロックチェーン 実践活用ガイド

2021年10月25日　初版第1刷発行

著　者：長瀬 嘉秀、亀井 亮児、松本 哲也
発行者：滝口 直樹
発行所：株式会社 マイナビ出版
〒101-0003　東京都千代田区一ツ橋2-6-3　一ツ橋ビル 2F
TEL：0480-38-6872（注文専用ダイヤル）
TEL：03-3556-2731（販売）
TEL：03-3556-2736（編集）
編集問い合わせ先：pc-books@mynavi.jp
URL：https://book.mynavi.jp

印刷・製本：株式会社ルナテック

ISBN：978-4-8399-7457-2